Firefighter
Rescue & Survival

消防员
救援与逃生

[美]理查德·科勒梅
[美]罗伯特·霍夫 　著

吴佩英　朱　江 译
周　凯　王荷兰 校对

上海交通大学出版社
SHANGHAI JIAO TONG UNIVERSITY PRESS

内容提要

消防员救援与逃生训练对一些消防部门来说是一个较新的领域。由中队指挥员和消防员组成的快速干预小组在遭遇火灾状况突变时没有立刻做出正确的决定，或者无法判断空呼器剩余量等都会导致整个小组全部丧命。为了减少和避免消防员作战过程中的伤亡，两名消防老兵讲述着他们各自20多年的消防经验，同时还积极倡导消防训练。本书让消防员既了解灭火救援过程中的自我保护意识，也认识到积极的消防训练对实战救援是多么重要。作者对灭火救援行动中可能会遭遇到的问题比如消防梯救援以及绳索救援等都提供了可操作性的指导，同时对消防员救援搬运失踪、被困受害者以及高楼层、地下空间及密闭空间救援等都提供了具体的救援方案，对于实战消防员来说无疑是一本非常实用的操作性极强的书籍，其中很多做法与经验值得我们借鉴，具有重要的参考价值。

Copyright © 2013 by
PennWell Corporation
1421 South Sheridan Road
Tulsa, Oklahoma 74112-6600 USA

上海市著作权合同登记号：图字：09-2015-056

图书在版编目（CIP）数据

消防员救援与逃生/（美）科勒梅（Kolomay, R.），
（美）霍夫（Hoff, R.）著；吴佩英，朱江译．—上海：
上海交通大学出版社，2016（2025重印）
ISBN 978-7-313-14324-2

Ⅰ.①消…　Ⅱ.①科…　②霍…　③吴…　④朱…Ⅲ.
①消防—安全教育　Ⅳ.①TU998.1

中国版本图书馆CIP数据核字（2015）第312508号

消防员救援与逃生

著　　者：[美]理查德·科勒梅　[美]罗伯特·霍夫　　　译　　者：吴佩英　朱江
出版发行：上海交通大学出版社　　　　　　　　　　　　地　　址：上海市番禺路951号
邮政编码：200030　　　　　　　　　　　　　　　　　　电　　话：021-64071208
印　　制：上海万卷印刷股份有限公司　　　　　　　　　经　　销：全国新华书店
开　　本：710mm×1000mm　1/16　　　　　　　　　　印　　张：14.5
字　　数：240千字
版　　次：2016年1月第1版　　　　　　　　　　　　　印　　次：2025年4月第13次印刷
书　　号：ISBN 978-7-313-14324-2
定　　价：59.00元

序

消防员是和平时期最危险的职业之一，但为了拯救人民群众的生命财产安全，他们义无反顾地扮演着"最美丽的逆行"。近年来，时有消防员牺牲的消息传来，在为他们大无畏英雄主义精神感到钦佩的同时，也为这些年轻消防员献出宝贵生命而感到无比痛心。如何能减少消防员在灭火和救援中伤亡的数量？这个问题时刻牵动着每位消防从业人员的心。

"它山之石，可以攻玉"。大洋彼岸美国消防同行，早在1912年就经历了曼哈顿公平大厦火灾，近年来更是经历了像"9·11事件"这样的极端考验。据统计，美国平均每年消防员牺牲人数达106名，在分析研究中他们拿出了——"为了让消防员能够在危险的灭火作战中生存下来，他（她）必须清楚其他消防员是如何牺牲的"——这样的勇气。本书的两位作者理查德·科勒梅（Richard Kolomay）和罗伯特·霍夫（Robert Hoff）都是从业20年以上的"老消防"，以他们自己平生积累的经验，特别是历经数次与战友的生离死别，写成了这本《消防员救援与逃生》。

本书前三章为我们介绍了什么是救援被困消防员的"快速干预"？以及"快速干预小组"是如何组成？如何开展行动的？第四章和第五章介绍了消防员在遇险情况下如何开展自救。第六章至第八章分别介绍了"快速干预小组"救援被困消防员的搜救和搬运方法，还列举了高层建筑、地下空间及密闭空间等典型救援场景下的救援技术。第九章提出了消防员救援与逃生的训练方法。本书列举了大量真实案例，通俗易懂；同时，对具体技战术方法和训练方法进行了归纳总结，具有很强的可操作性，是一本不可多得的理论与实际相结合的消防指导书。

所幸，我们年轻的译者"沧海拾珠"，历时两年将本书翻译成中文版。我国目前还没有开展救援被困消防员以及开展消防员在被困情况下自救的专项训练。这本书可以让更多中国消防员得到学习与借鉴；同时，"快速干预小组"采用的小组队员功能互补的建设原则,对于我国消防部队攻坚组的建设也具有一定参考价值。

　　总而言之,本书首次将国外宝贵的消防员救援和逃生经验介绍给国内消防同行。相信本书对于减少和避免消防员在作业过程中伤亡事件的发生,提升消防官兵的训练与指挥能力都具有一定指导意义。

公安部上海消防研究所火场防护研究室主任
2016年1月

原 著 前 言

理查德·科勒梅(Richard Kolomay)和罗伯特·霍夫(Robert Hoff)两人第一次邀请我为他们的书作序时,我立即联想到了消防员救援与逃生训练的现状,并反思在从事消防工作的32年里,我们是如何不断完善这方面工作的。实际上,我们已经取得了长足的进步。我还记得自己第一次参加灭火救援作业就是我老家一幢房子的地下室失火。在火灾扑救过程中,我的好友安迪冒着浓烟,往火场内部铺设消防水带。温度极高的电线已经熔穿了他呼吸面罩上的低压导气管,切断了他的空气供给,导致负压面罩失效。由于吸入大量热毒烟气,他不得不竭尽全力在失去意识之前赶往楼梯口。经过几分钟的混乱之后,人们把他抬到了屋子前方的草坪安全地带,当时他已经昏迷,但是还有呼吸。随后又有几个受伤的救援人员也被抬到了这里。那时我就在想:"难道这就是我们工作的一部分吗?除了要救老百姓之外,我们还要拯救消防员。但如果真的需要这样,那我们就去做!"这些事后的想法是多么简单啊!

在这以后的20年时间里,我曾参加过多次救援昏迷消防员的行动,逐渐意识到这类救援行动所需的各项技能,并领悟到这些技能的重要性和实质:这是一名消防员在火场救援中碰到的最为艰巨的任务。当时我在布鲁克林抢险救援二中队担任副队长,和队友们一起将昏迷的消防员从工厂和超市的地下室里抬出来,或从公寓的顶层抬到楼下,又或从羽毛球厂的窗口里救出来。虽然这些救援行动得以让昏迷的消防员生存下来,但之后我们觉得这些救援行动本可以更加顺畅些。例如,在一次救援行动中有两位救援人员受伤。我们在评论总结各次救援行动时,中队各成员提出了很多建议。按照这些建议,我们配备了全套工具并戴上呼吸面罩,深入到消防站地下室或空置的建筑物进行真人搜救,虽然部分建议没得到应用,但绝大多数被证明行之有效。之后一段时间,我觉得我们已经做好了面对各种巨大挑战的准备。但后来有人给我看了一篇关于现今消防员救援作业方式发生剧变的文章,许多消防员在进行救援任务时并不总是能够大获成功。相反，"约翰·南斯之死"向我们昭示了救援任务残酷无情而又捉摸不定的本质。

这篇文章首次发表于1987年2月的《哥伦比亚》月刊上，我是在1990年读到这篇文章的。每次读到文章中关于哥伦布市消防局消防员如何不顾个人安全英勇救援的片段时，我都会不由自主地感到毛骨悚然。这是一群消防勇士经历地狱般的磨难救援一名被困战友却以失败告终的故事。在二中队以后的抢险救援工作中，我着手制订了相应的行动方案以免类似事故发生。（事实上，布鲁克林市曾在20年前发生过类似事件。当时副队长吉姆·杰拉蒂（Jim Geraghy）和另一名消防员身陷一个遍布燃烧轮胎的地下室内，由副队长理查德·汉密尔顿（Richard Hamilton）和消防员卢·波莱拉（Lou Polera）进入地下室将他们吊出。）凭着充裕的时间，较好的现场可见度，也未出现火焰迫近及供气不足的情况，再加上行动后的总结分析，我们开发出多种将消防员从垂直空间内转移出去的方法，并确保将这些方法记录下来以传授给后人。

正当我们对这些新技术抱有极大的信心时，另一篇文章让我们重新将目光转回空置建筑物。1992年9月，科罗拉多州丹佛市消防局一名叫马克·朗瓦特（Mark Langvardt）的工程师被困在一栋商业建筑二楼的玻璃门后。尽管在营救他的过程中，消防员们做出了艰苦卓绝的努力，但这次行动仍以失败告终。目前此类相关事件被称为"丹佛事件"，当时抢险救援二中队的皮特·马丁（Peter Martin）通过大量时间研究出多种技术来应对这类事件。随着这些技术不断被实践，各相关机构均在此类事件的应对方面取得了不少进步。起初，这些技术还仅仅是在不同消防站间口头交流传授；之后，它们在纽约被技术搜救学院列为专门课程；伊利诺伊州的理查德和罗伯特以及消防研究所的其他科研人员又将其中部分内容列入每年消防学院的居民区火灾扑救课程中。很快，消防员们已开始认识到拯救消防员与拯救普通民众是完全不同的搜救任务，前者需要大量的分析、研究与实践，"消防员自救"概念就此形成。有关的课程已通过拯救无数消防员的生命来证明其在挽救消防员生命中的重要价值。

回到纽约之后，我得到了晋升，成为抢险救援一中队的队长。在这里，每名新加入的消防员都必须通过"拯救队长"这个项目展示自身具备能在各种场景中进行搜救的能力。这些场景包括空置建筑的外窗、搜救车顶部尺寸为20英寸×20英寸（50.80厘米×50.80厘米）的出口、楼梯上方、楼梯下方等各种场所。

过去一段时间里,搜救学院不断将各种搜救技术传授给搜救班的消防员,这让我又一次感觉到已经做好应付一切危险的准备。但是在1999年6月发生的另一起悲剧则再一次证明我们仍然需要更多的宣传,并且重视本书中所提及的救援技术。在这起私人住宅火灾中,队长文森特·福勒(Vincent Fowler)被困在这所住宅的小地下室里。由于当时现场没有救援队伍,即便福勒队长做出了艰巨的努力,但在他被救出地下室时,吸入的一氧化碳和其他有毒物质剂量仍然让其不幸牺牲了。葬礼那天,消防局局长皮特·甘茨(Pete Ganci)下达了在全局范围内对所有成员实行搜救技术培训的计划。希望通过这一计划,可以避免消防员因为无法得到及时救援而牺牲。这一命令中所传达的信息极为明确,即我们永远不要认为自己是无所不能的,而应通过每日不懈的努力不断提高自己的各项技能;我们也不要过于期望会有他人来救助我们的朋友和同事,这些任务应通过我们自身的努力加以完成。

读到这里,请各位设身处地地想象一下先驱们当时所处的恶劣环境。在那些环境里,你们是无法做到像现在训练场或者消防站地下室里移动模拟假人一样,完全不用担心所处的房间会失火或者地板突然陷落。正如我之前所提及的,每当读到“约翰·南斯之死”这篇文章时,我总会把自己想象成像蒂姆·凯夫(Tim Cave)一样去奋勇救助他的朋友而感到毛骨悚然。但所幸你们可由蒂姆的经验获益而无须重新经历他的遭遇。而且你们也拥有如同理查德·科勒梅和罗伯特·霍夫这样的专家,花费多年时间去实践与完善各种技能,以确保你们顺利完成任务。你们中的许多人将会找到新的方法去解决各种问题。这具有非常重要的意义,也将是我们所有人应该去学会的事情。请务必认真学习本书中所传授的课程并与他人分享!这是我们应该为约翰、马克、文尼和所有其他人做的。

**约翰·诺曼(John Norman),纽约市消防局大队长,
特种作业指挥中心负责人**

关 于 本 书

通过与美国多数地区的各类消防队（包括大型消防队、小型消防队、职业消防队、混合编制消防队、兼职消防队以及志愿消防队）展开大量合作之后，我们发现这些消防队均极为重视相关消防员人身安全问题，其中最为重视的就是消防员的救援及逃生问题。我们相互交流了许多尚未见诸媒体或者行业期刊的重大伤亡事故。这些事故通常鼓舞人心且感人至深，很多事故中消防员出于某种原因得以化险为夷，但也有很多事故直接导致消防员牺牲。

本书旨在减少消防员在作业过程中的伤亡人数，同时亦能对消防训练与指挥提供帮助。只有那些失踪或被困的消防员以及负责搜救失踪或被困人员的消防员才能深刻体会到本书的重要含义。而对于那些从未参与过救助重伤消防员或者只是负责将殉职消防员尸体装入殓尸袋的消防员，请务必严肃对待你们所从事的职业，永远不要停止自身的学习。

对于消防部队及其他私营企业中的许多人来说，精心设计的消防员救援与逃生培训是一个崭新的领域。本书中所涉及的材料虽然大多源自过去多年间的消防员死亡事故，但遗憾的是，将来依然会有更多的消防员牺牲。由于不断会有大量的火场伤亡事故发生，我们也将有更多新的经验去学习，因此，不可能有一本书的内容可以覆盖整个消防员救援和逃生领域。在消防员救援与逃生领域中必须被铭记的就是"永不放弃"这句宣言。

在本介绍即将完成之时，我们所在的世界和消防部队都突遭巨变。2001年9月11日，美国惨遭野蛮的恐怖袭击，致使纽约市消防局遭受前所未有的巨大损失。这次袭击中，共有343名消防员在世贸中心丧生。在我们一直努力去探寻这次袭击中到底发生了什么，以及为什么会发生的同时，本项目曾被暂时搁置。直到我们完全明白了为什么我们的消防员战友并未牺牲在平常的灭火救灾中，而是在一场针对美国的袭击与轰炸中，本项目得以继续。虽然发生了此次事件，我们仍然坚信本书的初衷并未改变，改变的只是"永不放弃"这句宣言的含义。

这句宣言不再仅仅意味着要在消防员救援与逃生过程中奋勇求生,更是要求整个消防部队以及整个国家都需日益强大!

突发事故的快速干预是指在突发事件中迅速介入进行协助、搜索以及救援。快速干预小组专指突发事故现场由配备全部防护服装、装备、工具并处于战备状态的消防员或是接受专门训练的人员所组成的队伍。快速干预小组这个概念最早是由纽约市消防局在发生于1912年1月9日的曼哈顿公平大厦火灾后提出。该起火灾发生在一个严寒的凌晨,风速达到每小时65英里(96.56千米)。当消防员们冲至大楼五层进行灭火时,火势突然失控,开始逐层往上蔓延,多名消防员及平民被困或葬身于这场火灾中。火灾中,商业储蓄存款公司的总裁进入地下室准备取出银行证券,被突然倒塌的建筑物和火焰挡住退路。当时他和另外一名银行职员被困在地下室窗户后面,窗外已被几条弯成弓形的2英寸(5.08厘米)粗的防盗杆拦住。在用弓形锯锯了两个半小时之后,防盗杆终于被锯开,消防员把两位被困人员解救出来并及时进行医疗照顾。这次救助所花费的额外时间与精力直接促成了特别救援队——第一搜救中队的诞生。该中队配备了当时最先进的救援装备与训练有素的人员,成立的目标就是专门从事各种艰难特殊的救援任务以及遇险消防员救助[1]。但遗憾的是,从20世纪初至80年代,除了纽约消防局,大多数消防部门都没有正式确定关于消防员救援的概念,更不用说进行相关的训练了。

美国消防协会标准NFPA 1500《消防员职业安全与健康计划》(1997版)第6—5节(附录1)中提出了快速干预小组这个概念,并阐述了如何通过全国性的合作提高消防员救援水平。为力争符合美国消防协会的要求,标准中提出了以下标准化问题:

哪些人员可被选为快速干预小组成员?

这些人员应向哪些人员报告工作?

这些人员抵达现场后应从事哪些工作?

一旦有人员需要救助,他们该如何应对?

当现场灭火人员不足,需要从何处调派人员组成快速干预小组?(这是大多数消防部队的常见问题。)

按照我们在美国偏远地区的培训经验来看，在大多数情况下，消防部队所能获得的资源毫无疑问是极为稀缺的。很多时候，不管消防员获得了何种资源，最终各种为灭火所做的努力都是无用功，究其原因还在于训练方式落后、领导获取信息不及时以及各部门之间的推诿导致的。目前有两项关于消防员的标准虽饱受争议但仍被支持——NFPA 1710 与 NFPA 1720，针对城市/郊区的职业消防队以及兼职消防队的队员配置标准提出建议。正如纽约消防局约翰·诺尔曼（John Norman）大队长在《消防指挥员手册——战术》中所提到的："执行救人等其他救援任务，你必须具有完成这些任务的体魄！"这一点是毋庸置疑的。

事实上，由两名消防员组成快速干预小组不仅毫无作用，并且还存有隐患。当周围环境处于稳定状态时，从二楼窗口抬运一名处于半昏迷状态或者完全失去意识的受伤消防员至少需要4名救援人员。但如果让两名消防员去执行这样的任务，就等于是让他们去自杀。消防员搜救任务对于快速干预小组成员有着极高的要求。登梯、匍匐、伤员拖拉以及救助均具有较高的体能要求。同时还要求能在危险环境下熟练使用热成像仪、空呼器供气以及搜救绳。其中最为严苛的大概是要求消防员即使知道自己要进入一栋随时可能倒塌的建筑物，仍然具备坚定的意志。除此之外，他们还需要知道正有一枚定时炸弹在滴答作响，时刻威胁着他们的生命。从根本上来说，如果灭火进展顺利，就不大会发生消防员遇险的情况。坦白说，当事情变得很严重时，最需要的就是快速干预小组。

当被分配到快速干预行动时，一些消防指挥员和消防员最常见的反应几乎都一样：

"你一定是在开玩笑吧，快速干预小组！"
"什么？你要我们只是站在这里？"
"队长，如果你让我们离开快速干预小组，我们就会把这火给灭了！"
"这是谁的主意？"
"是，当然，作为快速干预成员，我们就是站在这儿。"
"我们等这场火都等了一年了，终于能在前院看到它了。"
"离开快速干预小组，成为'出色的消防员'！"
"我们可以成为灾后恢复工作的快速行动小组！"

尽管有这些抗议的声音，但是我们应当记住，作为消防员，训练有素、准备充分，随时应对有可能危及、损害甚至致使从事灭火工作的消防员牺牲的灾害性事件是一项极其崇高的事业。那些理解快速干预小组的责任并锲而不舍地履行职责的人从不会懈怠而是孜孜不倦地努力工作，直至被要求退出这项工作。他们是做事成熟又富有经验的中队指挥员和消防员，已经参与过很多次灭火行动，他们意识到必须以另一种方式证明他们的勇气和技能。

快速干预小组成员的进取精神体现在应对"最差场景"时，他们与事故指挥员、处理结构和火灾条件的小组成员的沟通上。此外，他们还必须根据指示立即准备救援工具，并对火场进行评估。

对于快速干预小组的指挥员来说，集中注意力和遵守纪律是两个重要的行为。保持团队始终了解情况以及参与到快速干预小组的行动是至关重要的。这可能涉及准备更多的工具、进一步的评估或者现场责任制的及时更新。即使火场出现"故障时间"，救援团队必须了解现场情况，始终保持团结一致。要意识到自满可能是一个杀手，快速干预小组指挥员必须坚持关注这个方面。

事故指挥员做出的一个最紧张的命令是将快速干预小组成员派遣到建筑物内救援消防员。他们可能会进入一个结构不稳定的建筑，其内部火灾已经失去控制，每个人心里都会想到他们当中会有一个或多个人员失踪或者被困在火场内。事实上，如果发生坍塌或者通过无线电听到了求救声，那么天大的压力将会瞬间压在快速干预小组成员身上。他们必须在精神上和身体上做好充分准备而且装备配备齐全。如果快速干预小组承担救援任务时完全照搬以上10项行为，那么他们不仅无法做出相对准备，甚至自身也将成为受害者。要出色地完成这项任务其实是由激情、恐惧、情感以及团队成员彼此相互依赖这几个因素共同相互作用来实现的。

因此，是时候保护那些致力于拯救生命和保护财产安全的人员了。而且现在是时候认识到保护他们的责任和重要性了。美国前总统约翰·F·肯尼迪（John F. Kennedy）在其《当仁不让》（*Profile in Courage*）一书中也写道："一个人要做他必须做的事情，不计个人得失，也不怕艰难险阻与所面临的压力——这就是人类生存的根本意义所在。"

目　　录

第一章 主动灭火战术和训练

1.1 伤亡统计

本书的第一章专门献给那些在执行任务过程中遭受重大牺牲的人员。虽然开展消防员救援与逃生训练的作用不容置疑，但我们不应忘记开展这些训练的原因，即在作业过程中英勇受伤或壮烈牺牲的消防员案例研究和经验表明，我们应当进行消防员救援与逃生训练。纽约市消防局的一位副局长文森特·邓恩（Vincent Dunn）引用了意味深长的一句话："为了让消防员能够在危险的灭火作战中生存下来，他或者她必须清楚其他消防员是如何牺牲的"，这句话就最能解释本章的内容。

消防员因公殉职（1977—2001 年）

年　份	死亡人数	年　份	死亡人数
2001	441	1988	136
2000	102	1987	131
1999	112	1986	121
1998	91	1985	126
1997	94	1984	119
1996	95	1983	113
1995	96	1982	125
1994	104	1981	135
1993	77	1980	140
1992	75	1979	126
1991	109	1978	171
1990	108	1977	157
1989	119		

客观来讲,从2000年的数据[2]来看,美国公共消防部门共参与扑救1 708 000场火灾,这在美国消防局年度火灾纪录史上为历年最少的数据。因此,人们会认为因公殉职的消防员人数也相应降低。然而,事实并非如此。消防员死亡人数并没有显著降低,到了2009年这种情况更不容乐观。从1999年到2000年,美国每年平均牺牲消防员人数达106名(每3.5天牺牲1名消防员),火场受伤人数达55 509名(每天受伤152名)。令人略感欣慰的是,一些年份消防员死亡人数呈下降趋势,但也有一些年份消防员死亡人数有所增加。总体而言,数据还是处于上升的状态。

这些统计数据令人担忧,无形中鞭策着(美国)国家职业安全与健康研究院(NIOSH)去深入调查,旨在预防严重伤亡事件的发生,而且调查结果也是大家学习的好材料。NIOSH[3]于1998年受到资助,负责在全美调查消防员死亡案例。NIOSH的调查目标主要如下:

(1)更好地定义消防员因公殉职以及严重受伤的程度和特点。

(2)提出预防伤亡事件的建议。

(3)执行和传播预防工作。

NIOSH消防员死亡数据库为本书提供了相关数据,同时也为当地消防部门的健康安全计划和训练项目提供了宝贵的经验。尽管NIOSH明确表示,调查结果不是拿来追责,而只是要引起国家对消防员伤亡事故的关注,我们必须认识到许多火场伤亡事故皆由如下也是在以前多次提到的原因所致:

(1)体能差。

(2)灭火/救援训练不到位。

(3)人员配备不足。

(4)交流和通信系统不畅。

(5)装备配备不足,如正压式消防空气呼吸器(英文缩写为SCBA)、个人呼救器(英文缩写为PASS)和热成像仪。

(6)书面火场程序匮乏。

(7)问责制不存在。

然而,也有一些消防员受伤和死亡可归类为不可抗力的情况,如一个无法预知的爆炸(被藏匿的液化气瓶)、结构倒塌(未知的建筑改造),火灾行为的急速变化(劲风)或其他类似的情况。只有消防员不按常规进入建筑物进行灭火救援或者根本不采取任何措施,才能避免这种无法预防的牺牲。但无论是哪种选择都不太现实,最终的结果无疑会变得无法收拾。

根据2002年美国消防协会(NFPA)的报告[4],经过24年(1977～2000)对消防员因公殉职案例的研究发现,时至今日,死于建筑物内部火灾的消防员与20世纪70年代的情况相似。尽管建筑火灾发生的频率在下降,个人防护装备、正压式消防空气呼吸器训练、通信、事故现场指挥不断在改进,消防员在建筑火灾中的死亡数还是没有下降。

根据最新训练资料显示,工程木材的建筑构件和轻型钢材和铝材统治着全世界的新建建筑。轻型建筑构件遇热或受到明火侵袭极易坍塌,这就大大缩短了消防员在建筑物内的灭火扑救时间。正因如此,消防员也最容易成为许多老旧建筑物火灾的受害者。这类老旧建筑物一般都根据习惯而建,而无视地心引力作用和结构强度。一旦遇热或受到明火侵袭,所有楼层、墙壁、屋檐,甚至包括周围任何事物、任何人全都会被压倒,非常残酷。在意识到这种结构坍塌是火场的主要杀手之后,采取积极主动的措施是每个消防员不容忽视的问题。火场策略培训课程、房屋建筑班、预先计划的行进路线、通过课本、视频、光盘自我教育,这些方法都可提高消防员"第一号杀手"("Number One Killer")的意识。

我们希望通过正确的领导、优质的培训、从死亡调查报告中获得的经验以及快速干预小组(英文缩写为RIT)政策的强制执行,能够使消防员的伤亡人数持续显著下降。而事实上,如果不采取一些主动措施阻止消防员进入危险作业环境,我们将无法为本书所提及的任何内容奠定坚实的基础。

1.2 积极主动的消防领导能力

本部分即将讨论的消防领导能力表现在消防员救援、快速干预行动中所体现的积极主动性。强有力的领导能力已通过当前各项快速干预行动与训练证实了其在消防站内以及火灾现场举足轻重的作用。当消防员发出遇险求救信号或者火情趋于恶化,中队长必须命令快速干预小组就位。虽然此刻消防员们需要去营救别的队员,但在他们高涨的情绪之下仍心存恐惧、忐忑不安。中队长应能对建筑物坍塌风险、烟气流动形态以及不断升高的温度所产生的各种作用了如指掌。他们必须高度关注该小组,保持无线电通信畅通,而最重要的则是保证命令稳妥可靠,才能确保快速干预小组准确按照命令进行作业。依前文所述,建筑物坍塌事故一直是导致火灾现场消防员死亡事故发生的主要原因。因此,一旦发生建筑物坍塌导致消防员被困,快速干预小组指挥员必须高度警惕并充分认清这些脆弱的建筑物及可能发生的二次坍塌事故。但要是该指挥员未接受过相关训练或不具备相关经验,而无法发现原发性坍塌的风险以及因此产生的危害该怎么办？那么问题来了:"此人是否适合作为快速干预小组的指挥员？"遗憾的是,大多数消防局并不具备充足的资源或人员可供筛选成为指挥员。换而言之,全美的许多消防局正在为凑齐足够的人员组建快速干预小组而捉襟见肘。

各消防局之间最普遍的一个共识就是当前消防工作中针对消防中队长基本训练的匮乏。有鉴于此,应以较以往更高、更强的水平来要求各快速干预小组的指挥员开展工作。对于那些被分配到快速干预小组的消防员和中队长来说,无法瞬间做出正确决定,例如不能快速识别火势变化或空气呼吸器内的气量,都将导致整个行动小组全军覆没。因此,各消防局亟须通过对全员增加指挥管理训练以从容应对这一问题。

一个火场中队指挥员必须充分意识并时刻监控以下几个要素:

(1)潜在的坍塌。

(2)当前火情。

(3)烟雾变化情况。

此外,快速干预小组指挥员必须避免下列行为:

(1)向现场人员发出模糊的、不确定的、不完整的命令。

(2)不能做出战术决策。

(3)未能保证个人追责制。

(4)无法保证良好的无线电通信(未配备远程对讲机)。

(5)缺乏信心和主动性。

(6)火场救援中无法实现现场指挥。

(7)无法或根本不可能及时求救。

在水罐车中队火灾扑救和登高车中队救援行动(非快速干预的情况)中,如果中队长缺乏相关现场经验,将对现场作业的消防员造成灾难性后果。因此,在许多普通火灾扑救过程中,往往会由一名紧急事故指挥员(英文缩写为IC)及几名消防中队长共同协同完成灭火与搜救任务。在以这类形式组成的团队里,一旦其中一名中队长无法胜任指挥任务,将由其他人员共同协作完成灭火战斗。尽管这并不是最理想的场景,但至少能成功扭转灭火作战的结果。

然而,快速干预小组行动的真实情况并非如此。在执行快速干预作业时,不允许任何一名中队长及指挥员存在任何缺陷或不足。尽管消防员的每项救援任务各不相同，但亦存在相同的不利影响因素：

（1）混乱。

（2）焦虑和恐慌情绪。

（3）否定心理。

（4）退缩。

消防员救援过程中不断高涨的情绪以及迅速响应的要求基本不会为快速干预小组指挥员或紧急事故指挥员留下任何犯错或决策延误的机会。

1. 混乱

事实上，一幢运行着的建筑一旦发生任何灾难就会发生混乱，就如同发生了一场小型灾难。混乱可能发生于楼内人员、周边人员，甚至当火情过于严峻，还可能发生在前来灭火的消防员中。一开始的混乱与建筑物坍塌、轰燃以及爆炸的共同作用将导致彻底的骚乱。而这种程度的骚乱必须通过快速干预小组指挥员的运筹帷幄才能得以解决。事实证明，那些高度警觉、经验丰富并准备好行动方案的指挥员对于处理此类严重的混乱与骚乱极为有利。在一些情况下，根本无法突破一波又一波的消防员进入事故区域救助被困消防员，但那些计划周密、装备得当并训练有素的指挥员和行动小组却能成功突破。这完全取决于在快速行动小组按照命令开展行动时指挥员是否能够控制现场。

2. 焦虑和恐慌情绪

首先，我们是人类，其次，我们是营救者。尽管我们对自己面临危险境地表现出的英勇无畏而感到自豪，但当我们的生命处于危险之中，某种自然的防御本性就会左右我们的行为。这种本能表现为内心激动、呐喊、无逻辑的思想、不自主的动作、奔跑等。举个例子，在一个培训会议现场进行燃烧试验，按计划进行轰燃示范之后，一名资深消防员从前门匍匐爬出，他身穿全身防护服，没有受伤，站起来后迅速穿过街道，此后再也没有出现过。几天后，他从消防部门辞去职务。毫无疑问，尽管在轰燃之前有安全防护措施和警告，这名消防员还是认为身处危险，恐慌至极。真实火场扑救或者快速干预行动，任何人如果进入恐慌模式，都易产生致命的结果。快速干预小组指挥员只有为最糟糕的情况做好应对计划，对可能的场景进行过训练，才更有能力去抑制恐慌的情绪。

3. 否定心理

源自人类本能的否定心理能够完全控制每一名救援人员甚至导致他们彻底

崩溃。有一种方法能够有效形容否定心理,即通过要求读者回忆自己生命中遇到的最危险的事情以及当时所作出的第一反应。很多人对此只是保持沉默,一些人则是不相信自己所听到的,一次次要求重复这些信息,而另外一些人则是坐着抽泣。许多消防指挥员在得知有消防员在事故中失踪或牺牲的消息后,受到否定心理影响,直接崩溃。由于心理因素是可控的,因此快速干预小组的指挥员可通过为极端事故设定计划和预案进行应对。如此,一旦发生不幸事故,将能够较为容易地进行事故处理,也不会由于受否定心理的影响而导致行为失当或崩溃。

4. 退缩

消防员从一幢燃烧的建筑内部撤退,不能仅凭其他消防员发出求救信号就相信他们失踪、迷路或被困。在遇到紧急呼救时,内攻部队应以倒塌发生风险、火情变化情况以及火场战术改变情况作为判断是否应为快速应急小组成员提供援助的依据。灭火作战部队不得由于诸如临时点名或者个人战情实时汇报就从失火建筑内撤退,否则将造成水带射流的停止。水带射流可在不知不觉间保护身处险境的消防员。此外,临时撤出还有可能阻碍高效搜救任务的进行。

这四种情绪中的每一种都将对所有消防员、中队长和指挥员产生不利影响。因此,能够不受任何针对快速干预行动的负面影响,对于快速干预小组的指挥员来说极为重要。快速干预行动的训练、经验以及积极准备将能在绝大多数情况下决定该行动小组在极端恶劣环境中的作业效率。

中队长和指挥员在指挥快速干预行动时应仔细遵照以下重要建议:

(1)凸显自信的"指挥形象"。

(2)每个行动要深思熟虑。

(3)缓慢并清晰地把信息传达到快速干预小组和消防中队长。

(4)核实所有传达或接收的信息,并应使用对讲机。

(5)应通过保证快速干预小组的团结实现完整的追责制度。

(6)不要说"从不";不要说"总是"。

(7)坚定、自信,并始终亲临现场带领快速干预小组。

5. 凸显自信的"指挥形象"

相对于常规灭火作战,快速干预小组的行动可能会比较特殊甚至不合常理,如何领导该小组也是如此。正如科林·鲍威尔(Colin Powell)将军所说:"领导就是管理科学,将不可能的事物得以实现的艺术。""指挥形象"是由下级所感受到的形象与感觉。每一名领导的"指挥形象"都是独一无二的,是通过他们长期与危险打交道的过程中逐渐形成的。有个不错的例子，已故演员约翰·韦恩（John Wayne）与生俱来、独一无二的"指挥形象"就被好莱坞电影公司非常看重。当然，此处并非要求大家在每次作业前都要去观看一回电影《绿色贝雷帽》，只是想说明具备一个充满自信的领导"指挥形象"非常重要。这种形象与感觉可通过多种途径表现出来。与演员约翰·韦恩的方式迥然不同，已经退休的科林·鲍威尔将军虽然行事低调，但一直保持着一种非常严肃、有力、直接、合格的"指挥形象"。一个人在消防部队内的声誉与信誉对于提升其个人的"指挥形象"极有帮助。最起码，如果一个指挥官面对空呼器背带表现出一副手忙脚乱、喃喃自语或将视线转移他处，似乎要在快速行动展开之前还要从他处寻求帮助的样子，试问，哪一位头脑冷静、理智的消防员会跟随他冲进地狱般的火场？

　　如图1-1所示，芝加哥消防队副队长罗伯特·萨瑟兰（Robert Sutherland）先是被分配到登高车第一分队（Snorkel Squad），后来又成为绍姆堡镇（美国伊利诺伊州）消防局局长，他非常擅长现场指挥。这张照片就是罗伯特副队长在被告知3名消防员失踪后准备前去搜救。

　　快速干预小组指挥员执行任务时，他们会感到恐惧。可事物总有两面性，恐惧纵使有反面作用，但也有其积极的一面。恐惧情感使自身的各种感受放大到极致。视觉、听觉尤其是触觉对周遭变化极其敏感，比如热条件、烟气状态、建筑形变、坠落的天花板、破碎的玻璃、受害者发出的声音以及口头交流和无线电通信等发生的变化。经验丰富的警官对此非常敏感，可以说这种感觉是潜意识存在，转瞬即逝，也可称为"第六感"。有些人认为这种感觉就像充满恐惧的心灵被掏空了一般，而有些人则觉得心如刀割，需要几个深呼吸才能继续前进。许多消防警官以及消防员分享他们关于"第六感"的经

图1-1　芝加哥消防队副队长罗伯特·萨瑟兰在为准备进入受灾区搜救3名失踪消防员时表现出强有力的"指挥形象"

验时，告诉我们他们是如何跟着直觉走，并成功与死神擦肩而过。

消防指挥员尤其是快速干预小组指挥员拥有这样的本能和感觉在现场指挥时非常重要。纽约市消防局一名消防长官唐·海登（Don Hayde）讲述了他在布鲁克林担任消防队长时发生的一件事。在一次救援行动中，他就是利用了"第六感"，让他的救援队伍进行撤退。一幢普通构造的建筑物二层着了大火，浓烟滚滚，当时建筑内和他在一起进行灭火扑救行动的还有许多消防员。他的直觉告诉他要发号施令开始撤退。唐队长本能地推测出这个建筑可能会变得不稳固，就在这时，地板突然下降了6英寸（15.24厘米）。幸运的是，每个人都安全地撤离了，只有一些人员被轻度烧伤。他的直觉是正确的。从他个人角度来说，唯一的缺憾就是没能在感受到"第六感"后，在地板陷落前立即撤退整个队伍。这对我们来说也是教训。尽管在紧急情况下，"第六感"不能最科学地让你选择坚守还是撤退，但它的实质还是可以归结为以下公式：

通过经验习得的直觉＋几场可怕的事故＋积极主动的训练＝一种可靠的"第六感"

6. 每个行动要深思熟虑

行动前冷静思考，说起来容易做起来难，但这确实很关键。发生火灾时能够做到静心思考，这时候经验对于消防指挥员来说至关重要。就快速干预小组行动而言，一个人需要在火场进行自救时，必须不受任何情感因素的困扰，需要的则是冷静思考。

7. 缓慢并清晰地把信息传达到快速干预小组和消防指挥员所有成员

无论是无线电通信、硬件问题还是口头交流，任何常规火灾的第一问题就是通信。它对于快速干预小组指挥员保持镇定、缓慢而又清晰地交流是至关重要的。在快速干预小组的行动中误传信息会导致灾难的发生，在这之前已经发生过好几次了。

8. 核实所有传达或接收的信息，并使用对讲机

大量的无线电通信和面对面交流至关重要。有一起案例，一座有一百多年历史的教会学校在一个寒冷的冬夜突发大火，先头中队抵达时，火势已开始快速蔓延，因此只能通过前门进行内攻。先头消防水罐车中队穿过教堂朝祭坛后方的大火进发时，消防员对于建筑物高处以及后方的火情一无所知。当支援中队抵达现场后，按照既定战术，在后方部署了一辆举高平台消防车。支援中队通过对讲机报告大火来自窗户与房顶，需要通过云梯车进行喷水灭火。但不幸的是，

先头水罐车中队并未在房顶开始坍塌前收到这条重要的对讲机信息,导致使用消防炮的消防员与中队其他成员分开。虽然大多数消防员都从前门逃生了,但使用消防炮的消防员却因此牺牲在该建筑内。

9. 消防队得到的教训

(1)传达重要火情的举高平台消防车队应确保指挥员已收到该条信息。这是决定火场战术是否迅速撤退内攻中队,转为防守模式的决定性因素。

(2)每件便携式装备都应安装对讲机插件。如图1-2所示,对讲机应能固定在消防员的衣领或是对讲机束带等其他接近耳部、嘴部的区域,既能便于消防员腾出双手进行作业,又能迅速接收和发出信息。虽然指挥员配备了对讲机,但是对讲机被绑在无线电通信系统的天线上,因而,导致指挥员通话结束后,无线电天线连同对讲机被放置于指挥员腰部以下位置,或者被用作为指示器而无法接收任何信息。在本案例中,火场内

图1-2　对讲机固定于衣领附近

的水罐车中队正是由于未接收到举高平台消防车中队发出的信息而没能及时撤出。

10. 快速干预小组团结一致,坚持彻底的问责制

让安全和常识占上风。通过对无数快速干预小组的案例分析、真实事故以及培训经验进行大量研究发现,整个快速干预小组能够按照以下几点做到团结一致,才能够最有效、安全地开展作业。

11. 4名救援人员组建一个快速干预小组

无论是由不少于4名消防员组成快速干预小组抵达现场,还是在现场临时组建快速干预小组,快速干预小组都不应分成若干小组进行搜救。通常把快速干预小组分成若干小队的理由往往是需要同时搜救多名被困消防员,但这样将大大降低快速干预小组搜救任务成功的机会。必须谨记,快速干预小组的指挥员是高度依赖小组内每一名消防员所提供的绳索管理、空呼器紧急供气、各种工具以及人力调度。在不断恶化的火场环境下,将快速干预小组分成若干部分,会导致搜救绳不够用、空呼气紧急供气不足,甚至是团队追责的缺失。增强快速干

预小组的凝聚力至关重要。快速干预小组队伍必须明确要求增援,而不是拆分队伍,减少拆分团队对他们至关重要。如图1-3所示,该小组最重要的任务宗旨就是要做到雪中送炭而非火上浇油。

事实上,许多位于城郊的消防队并没有足够的人手进行灭火救援作业,更不用说组建快速干预4人小组了。对于这些不具备足够人员组建快速干预小组的消防队来说,及时组建一个两人小组去有效执行快速干预行动将至关重要。一旦需要执行搜救任务,该二人小组必须能够在现场迅速招募消防员组建一个人员齐备的快速干预小组。现场招募人员有以下几个缺点:

(1)疲惫。他们刚刚完成灭火扑救任务,现在可能要用110%的精力来拯救消防员。这些精疲力竭的消防员自身很可能会成为受害者,而不是那些快速干预小组的专门人员。

(2)正压式消防空气呼吸器。根据进入火场时间的长短,现场招募加入快速干预小组的消防员所携带空呼器气瓶内的空气量往往只剩下一半甚至根本不到一半。

图1-3 快速干预小组凝聚力强、准备充分、训练有素并有强烈的团队意识

（3）现场回顾。现场招募的消防员可能对建筑物内部结构较为熟悉，但他们并没有充足的时间对可能的搜救场景或各种可能需要实施的救助战术做好思想上的准备。

（4）无法追责。混乱忙碌的招募现场消防员的过程中，指挥员无法对被安排任务的消防员负责。在一些案例中，有些消防员可能未经授权就自行参加快速干预行动，毫无责任感地将自己处于自由放任的状态。

那些苦于人手不够而无法组建快速干预小组的消防队应考虑与其他消防队开展互助。由于火灾过程中需要迅速开展快速干预行动以及与部分互助消防队间的距离遥远，指挥员尽早寻求协助就显得极为重要。有些消防队已经设置了自动互助系统，一旦确认火情就派遣人员前去援助。有一点需要强调的就是，无论干预小组成员来自哪支消防队，必须至少由4名消防员组成快速干预小组去搜救一名被困消防员。

12. 不要说"从不"；不要说"总是"

终有一天，快速干预小组需要采取一种已预先训练、精心设计的"各个击破"战术。一旦快速干预小组需要在全力开展各种搜救任务之前进行现场侦察任务时，那么快速干预小组指挥员以及消防员通过热成像仪以及各种合适的手动工具铺设搜救绳来判断建筑物结构及火灾状况的方式（这将在后续章节详细介绍）将极为必要。尽管侦察任务仅是派遣一支小分队进入建筑物内部，仍需按照快速干预小组的行动规程开展计划与训练。有时候可能是几名消防员甚至普通老百姓被围困在一起，这就需要将快速干预小组进行细分。另外一种情况就是需要一到两名快速干预小组成员守候在被困消防员周围，与其分享空呼器内的空气并对其进行鼓励，直到解救工作开始。

以上案例可以解释能够做到拆分快速干预小组的同时又能保证追责制度的方式和原因。我们不用"从不"和"总是"这样绝对的语气，是因为火灾现场同其他突发事故现场一样，是不允许完全照搬教科书上的步骤作业的，特别是涉及消防员搜救技术时。

13. 坚定自信、始终亲临现场带领快速干预小组

通常，当快速干预小组进入建筑物时，现场的战术与建筑物结构正趋于恶化。事实证明，如果一名指挥员不能果断下达命令，无法强有力地及时组织搜救活动，最终将导致整个快速干预行动的失败。如图1-4所示，当快速干预小组在不断恶化的火场中进行作业时，该小组的指挥员必须能够临危不惧，在众人面前

图1-4 在扑救单户家庭房屋火灾时,中队长表现出有力的指挥领导能力

表现出指挥员应有的坚定果断形象。指挥员必须保证小组成员间责任明确、管理得当以及通信流畅。尽管有时指挥员需要离开队员到窗口或者门口处接收以及下达命令,但这都是暂时性的。指挥员务必时刻保持冷静淡定。一旦搜救人员在搜救过程中由于劳累、恐惧、搜救发生困难、气瓶供气不足,或者烟热环境恶化以及其他情况而产生疑虑,他们都应能够从指挥员处获得指引。

1.3 积极开展中队指挥员培训

只要我们还需要派消防员开展现场内部人员搜救和火场内攻灭火,那么"消防"仍然是一项需要进行实战化训练的艰苦工作。对于普通消防员和搜救作业如此,对于需要具备更高技能要求的快速干预小组更是如此。当空呼器、消防梯、各种消防绳索及绳结、救援操作规程以及自身体能训练在救助消防员发挥重要作用时,此类基础训练项目表现出了它们的重要价值。除基础训练项目外,所有人员间的轮岗交叉训练也非常重要,尤其是举高平台消防车、举高喷射消防车、云梯消防车等项目的训练更应是重点培训项目。当某快速干预小组被派到消防水罐车中队或者互助消防队，需要用用举高平台消防车从窗口或者房顶转移消防员时，他们必须懂得如何熟练操作。

为了广大消防员，我们既需要积极开展基本培训，也需要开展领导能力培训。复杂的培训内容涵盖了从如何使用长柄锤到认识有机化学等方面。但无论是哪种内容，中队指挥员都必须掌握如何在"基本技能"与"特殊技能"间取得平衡。如图1-5所示，中队长亲自参与到培训项目中。

给消防指挥员有关训练的小提示：

（1）若非消防员要求，应将培训时间精简控制在10～30分钟。

（2）尽可能将理论与实际操作相结合。

（3）把训练科目与实际情况联系起来。

（4）在培训课程中，要求每名消防员在训练过程中参与到部分环节中。

（5）提供挑战机会，并不让人感到为难。

（6）关注受训人员的行动而非性格。只有正确的行动而非态度，才能成功扑灭火灾或执行救援任务。

（7）以4～8人为一组的小单位进行培训，目的是为了让每个人都能参与，

图1-5 中队长参与并带领培训项目

保持个人的兴趣。

（8）培训内容的设置应针对作业结果而非过程。应确保消防员能安全有效获得能帮助他们实现目标的培训和教育，而不是被繁琐的步骤所拖累。消防作业的目的只在于灭火。

（9）只要培训目标实现，就允许该团队开始承担任务。

（10）允许培训期间保持轻松有趣。

培训内容包括在消防站内为模拟地下室火灾铺设未通水的软管。在我们曾经训练消防员救援的一个大城市就有把培训课程从教室带到现场的好先例。曾经打算通过铺设消防水带，来展示当消防员和指挥员各就各位准备进行内攻时应采取哪些基本消防车操作规程。但在这次培训中消防车基本操作的失败直接导致一名芝加哥消防员牺牲。当我们佩戴好全副装备，站在软管两侧，演示消防车指挥员应在水枪后方如何就位时，一名副中队长要求我们重复刚才的操作。确切地说，他是要求我们重复刚才的演示并强调指挥员应在灭火过程中站在操作水枪的消防员后方。在满足他的要求后，他解释道，他所在的消防队中是由许多消防车中队的指挥员负责操作消防水枪，而不是由普通消防员来操作。之所以这样是因为那些指挥员认为这个位置比较好玩，而他们也有这样的权力按照自己的想法去确定他们的消防车操作规程。他还补充道，一旦指挥员更关注于如何找乐子，就无法有效地观察周围火情、听取对讲机信息，或者安全有效地铺设消防水带，这也正是他为什么提出要重复演示的原因。这项基本的实践训练如果不能引起我们的关注或者作为聊天的谈资，那么很显然，这条极有价值的批评意见，以及由此在消防车操作规程中所带来的变化，都将与纽约消防局无关。区指挥员本尼·克兰（Bennie Crane）针对训练做了深刻的讲话，我们应该永远牢记并秉持"如果消防员无法表达甚至展现他们所接受的培训，那就说明他们仍然没有领会培训的真谛"。

如果指挥员不熟悉某一特殊学科领域，就应从其所在消防中队或者消防局挑选出熟悉该领域并可胜任培训任务的人员。若有必要，消防局可从外部（如州立大学教师、私人机构、警方或者其他机构）获得所需的培训与知识。

谈及至此，进行消防中队指挥员培训最重要的部分其实就是要得到上级组织的支持。这些支持可分为以下4类：

1. 财政

电影《太空英雄》(*The Right Stuff*) 中有一句台词："没钱，就别当太空007。"

（No Bucks，No Buck Rogers！巴克·罗杰斯是美国太空漫画中的英雄人物，号称太空007）财务支持在把消防员训练成真正合格的消防员的过程中发挥了重要作用。虽然很难从金钱的角度来衡量拯救一名消防员的价值，但这确实是必需的。按照消防部队的不同建制，各类装备、训练设施、培训指导、薪资以及学费都需要不同数额的赞助。很多情况下，如果没有财务支持，将无法开展相关培训。

2. 士气

消防员只有通过在训练的过程中形成昂扬的斗志、丰富的经验、熟练的技能以及充分的安全意识，才能展示出消防部队在火灾现场应具备的使命感。如同激励、士气是在消防员之间形成的，各人的感觉还存在差异。很多时候，当个人、中队或者整个部队高效安全地处置了一起真实事故之后，士气往往都会高涨。培训是提高士气的次佳方法。由于我们所拯救的人员大多为我们所熟悉，因此消防员救助培训就具备了更加重要的意义。

3. 经验

在消防员和指挥员的职级范围内，为他们提供能在精神上或者身体上变得更加熟练应对的机会，将不仅能帮助他们学会标准的操作规程，还将教会他们如何应对处理那些不易归类，难以处理的事件。由于不同的天气条件、建筑物类型、楼层结构、火灾起因、火灾扑救战术、人员组成以及经验水平等不定因素，每一起火场死亡事故现场均具有各自不同的环境特点。这些不定因素要求指挥员能够使用一些非常的培训手段，在特殊情况下，还应能够使用特殊工具去搜救消防员。正如前文所讨论过的，指挥员必须要在快速干预行动中将日常指挥管理水平提高到一个新的层次。这不但需要具备相关知识，还要具备丰富的现场经验。经验能让指挥员摆脱课本的束缚，知道哪些方法可行，哪些不可行。但这需要大量的训练、时间与经验才能实现。

4. 参与

如有可能，对于所有人的最大支持就是指挥员也能参与到培训中。能够做到以身作则是消防作业过程中最需具备的品质。如果指挥员能够利用这个机会与战士们打成一气，那么他们的领导能力、活力、尊重和士气都将在众人眼中猛涨。

指挥员如果能通过设立相关课程来提高或保证中队指挥员在作业现场的注意力、斗志以及纪律意识，那么他们对于高质量的培训所付出的精力与支持都将是无价的。显而易见，并不是每一个中队指挥员或者消防员都能熟练掌握每一项任务，但作为一个完整的团队这些完全能够实现。按照李·巴克（Lee Buck）

在《领导力的第二项致命原罪》中所述：

> "每一次有意的学习都要能承受对于个人自尊心的伤害。这也是为什么年幼的儿童能够在意识到自我重要性之前学习迅速，而虚荣自大的成人却在学习上步履蹒跚的原因。在学习的过程中，骄傲与虚荣会产生比愚钝更加巨大的障碍。"

虽然我们可能在训练过程中回答问题或者现场演练时发生失误，觉得有损个人自尊，但其实我们也正在减少真实的危险，即在真实救援环境下遭遇相同训练环境时所产生的伤亡。这也正是中队指挥员参加培训的任务所在，同时更是我们对于其他消防员及其家庭所需承担的责任。

第二章　快速干预行动

2.1　备战

过去，不同地区的消防部门人士普遍认为快速干预行动在平时不必处于备战状态。快速干预小组成员在接到命令，开始行动前只需准备好装备处于待命状态即可。但事实上快速干预任务已发展成一项非常繁重的任务。由于对快速干预小组抱有潜在期望，快速干预小组代表消防员在建筑物内部灭火救援行动已成为常态。他们不仅需要进行诸如各种装备准备以及现场勘查等体力活动，还需要对不断变化的事故现场高度戒备。与军事行动一样，"备战"就是指小组各成员已在装备、技术上做好准备，确保随时能组织进行高效安全的危急消防员搜救作业。

如何保证整支快速干预小组迅速进入工作岗位，并保证执行作业时的纪律是快速干预作业经常遇到的难题之一。由于快速干预小组周围的中队都在铺设水带或者架高消防梯，因此，很容易就会让他们放下手中的快速干预工具过去帮忙。这虽然是人之常情，但是切勿忘记自己的使命！快速干预小组的指挥员经常会遇到小组内消防员轰炸式的要求，如要求去侦查建筑物附近或者内部情况。尽管这些要求可能都是正当的，但这往往会导致指挥员成为留守集结区域的唯一人员。无论快速干预小组在集结过程中正在从事何事，唯一需要随时回答的问题就是"我们是否已经备战完毕，准备作战？"如果尚未完成，那么指挥员就需迅速重新对该小组进行部署并下达命令。

2.2　风险与效益

普通消防作业过程中的"风险与效益"概念已涉及消防员的人身安全。在快速干预作业中，教科书中的"风险与效益"观念大同小异，但真实的快速干预作业绝非教科书所教授的作业方式,实际搜救任务中遇到的危险也是完全不同于教科书中所讲的那般。也许会有人对这一说法持怀疑态度,那我们大可先撇开经验,对普通灭火作业和快速干预作业过程中"风险与效益"之间的博弈进行论述。两种作业中的风险可分成以下几类:

(1)建筑物状况。

(2)燃烧情况。

(3)危险物质。

(4)救援行动。

建筑物内外的总指挥与中队指挥员应根据以下情况迅速确定是否需要整个中队的消防员进行危险作业。

(1)训练情况。

(2)过往经验。

(3)救援行动的紧迫程度。

(4)建筑物潜在的坍塌风险。

(5)火灾蔓延至其他房屋的速度及面积。

(6)是否会接触到危险物质。

(7)潜在的爆炸风险。

假设在普通灭火作业中,指派一名消防员进入某些特定灭火环境进行某项既定战术作业将获得哪些效益?以下所列为可能获得的效益。

(1)搜救建筑物内可能人员。

(2)救助建筑物内已知人员。

(3)遏制火势的迅速蔓延。

(4)保证屋顶通风。

(5)破拆。

(6)水上逃生和救助。

(7)彻底检查。

(8)定位救援失踪、迷路以及被困的消防员。

正如在第一章中所讨论的,积极主动的领导作风以及快速干预小组指挥员必须面对的各种可能情绪(混乱、焦虑恐慌、否定以及退缩)都将导致更高级别的风险。派遣一支快速干预小组进行作业极为必要,但也同样极具风险。除了以上所述各项因素之外,还有许多风险需要事故指挥员务必充分了解。

1. 迫切救援

救助某一名被困消防员的紧迫性要求,往往会导致正在进行风险评估的现场灭火指挥员的肾上腺激素分泌加速,从而发出错误命令。影响消防员及时获得救助的因素还包括极度焦虑、恐惧以及外部失控而导致的歇斯底里和通话障碍。

2. 倒塌的可能性

如果建筑物的部分已发生倒塌,那么基本可确定其余部分也必将发生倒塌。在这种情况下,快速干预小组将由于同样原因,与先前被困的遇难人员一起遇难,加剧事故的严重性。

3. 不断恶化的火情

当各种灭火作业的努力都无法挽回建筑物,同时作业现场又传来遇险求救呼叫,那就意味着火情已变得较为严重。一旦听到求救呼叫,许多灭火工作将会停止并将重心转向救援。而这样的后果将导致火灾失控、作业时间极度受限、风险大幅度提高、各种灭火现场失误以及寻找到被困人员的机会渺茫。在对一起死亡事故的研究发现,当某幢建筑物附近正在灭火作业的消防员们获知有一名消防员坠落于二楼时,他们立即放弃各自阵地转而去协助救援。但由于他们并未关闭建筑物附近的正压式风机,导致水带操作员试图扑灭火焰时,大火仍旧朝着救援作业区域不断推进。火场作业失误以及固有的风险都是我们在救援作业过程中必须面对的事实。

4. 影响救援的有限时间

大火与浓烟要求快速干预小组成员在整个搜救过程中都必须使用空气呼吸器,同时还将通过以下3个现场因素限制作业时间:

(1) 燃烧情况。

(2) 倒塌可能性。

(3) 空气呼吸器的耗气量。

虽然消防员可通过灭火作业赢得一定的时间,但是快速干预小组仍然受到空气呼吸器使用时间的限制。普通消防作业一般需要使用30分钟气量的气瓶,在实际使用中平均使用时间则为20分钟。假如快速干预小组成员所配备的空气呼吸器气瓶已充满,那么在20分钟内完成消防员搜救任务将变得极为重要。在火场情况不断恶化的条件下,无论搜救简单与否,如果先遣快速干预小组无法在空气呼吸器气压过低前完成任务,他们成功完成任务的可能性将极低,而同时所面临的风险也将急剧增加。空气呼吸器充气、气瓶更换、更换全套空气呼吸器装具或者共享气瓶内空气等技能都具有很大的难度,容易搞混,极具风险,同时也极为耗时。

5.受伤消防员遗留现场

在救援作业中遇到的另外一种突发情况是消防员被迫将受伤人员留在现场。由于快速干预作业时间有限,一旦消防员无法在空气呼吸器首个气瓶气量耗尽前及时转移受伤人员,应将伤员留在原地,然后去更换气瓶或者由另外一组快速干预小组前去营救。但以往案例表明此举谈何容易。另外,由于救援人员的个人情感与肾上腺激素的驱动,还将有其他如下意外情况发生:

意外情况1:进入建筑物内部的快速干预小组可能会遇到伤员的同伴、指挥员或者其他消防员。此时这些人员所携空呼器气瓶内的气量很少或已用尽,但他们仍不愿离开现场。按照现场的烟热情况,他们这种不愿离开现场的行为极易导致他们成为受伤人员,从而导致事故加剧。

意外情况2:在一些事故中,由于现有消防员不能及时转移,导致快速干预小组无法进入救援区域开展作业。在很多案例中,先期抵达现场的消防员往往已经开展了一部分的救援行动。这些救援行动有些可能会取得成功,但也有些会由于种种困难或者失去导向造成严重混乱而失败。最为理想的情况应该是,一旦快速干预小组指挥员确认先期抵达现场的消防员身份,这些人员就应按照之前快速干预训练要求撤退,以配合快速干预小组作业,或者按照命令撤离现场。

意外情况3:在救援行动中,无论是先期抵达现场的消防员还是快速干预小组都很容易失去导向或者目标。而一旦行动的指挥、通信以及作业人员间的冷静气氛遭到破坏,整个作业行动也将遭到破坏。任何呐喊、争吵甚至肢体冲突都对伤员毫无益处。这种意外情况并非指责,而是对于已发生或者将要发生事件的警示。快速干预小组的理念之一就是不要成为造成现场混乱的因素,而应重新获得通信、指挥与冷静,以顺利救助受伤的消防员。

意外情况4:一旦初始救援行动要求投入更加专业的救援,比如安全气囊、液压工具以及绳索升降技术,并且救援作业必须要转交给另外一支快速干预小组。那么哪怕是在最理想的情况下,这个转交过程也是极为困难的。不断恶化的现场环境、不停掉落的碎屑、密闭的作业空间、恶劣的通信条件,同时还需告知下一支快速干预小组已完成的作业情况和尚未完成的作业情况所需花费的紧迫时间,这一切都让作业的顺利转交变得不大可能。如果可能,在任务转交之前,两支快速干预小组的指挥员可在救援区域外,比如窗口或者出口等地点进行沟通。这样将使下一小组在配备好全套空气呼吸器装备进入充满浓烟的火场前，已简明扼要地了解作业情况。

与普通灭火作业不同，消防员救援行动的目标清晰、明确并且迫切——确定人员位置并迅速救出。经过大量有关消防员现场作业死亡案例的研究表明，一旦启动快速干预作业，"风险与效益"间的博弈将会朝着受伤人员的有利方面迅速倾斜。

2.3 快速干预小组集结

事故指挥员能否顺利集结快速干预小组的关键，在于他是否能与整个小组进行有效的眼神及语言交流。这种工作关系和事故指挥部的指挥员与中队指挥员间的关系相似。快速干预小组集结现场的动态运作流程如下：

1. 身份识别

事故指挥员与快速干预小组指挥员能够互相识别的好处就是双方都能够了解对方的特点，尤其是双方各自是否具备如下特长：

（1）现场指挥能力。

（2）经验。

（3）危机处理技能。

（4）时间意识和战术。

（5）有效无线电通信与语言进行交流的能力。

2. 眼神交流

事故指挥员能够直接看到快速干预小组。事故指挥员或者区域指挥员可直接观察到快速干预小组正在集结区域准备各项作业工具进行备战。但是也有部分快速干预小组会由于纪律松散以至于偏离集结区域，可能需要被重新进行部署。

3. 监控

如图2-1所示，快速干预小组指

图2-1 快速干预小组指挥员应能观察到指挥部或者区域指挥员，并且能够持续不断地监控火场进展

图2-2 快速干预小组指挥员与区域指挥员共同协作以协助确定建筑结构条件以及救援人员拯救消防员的环境条件

挥员应能观察到现场指挥部或区域指挥官的行动,并能时刻监控火场变化情况。密切观察事故指挥员以及区域指挥员的各种行为、尝试制定各种决策、命令的发布、镇定的程度、信心以及管理都将为快速干预小组指挥员提供有关事故进展的大量信息。每个人都会受到健忘、迷惑、疾病、挫折以及烦躁,甚至仅仅是一些不顺心的小事的影响,因此正如之前所述:我们首先是普通人,然后才是消防员。由于这些或者其他的因素,指挥员往往会犯下各种错误或者无法按时完成任务。但不幸的是,正是这些错误将造成消防员们付出生命的代价。鉴于事故现场指挥员的行为可被视为事故是否失控的首要根据,因此更加有理由去观察他们的行为。如图2-2所示,快速干预小组指挥员协助区域指挥员。

4. 火场教育

快速干预小组指挥员应该对消防员在关于战术、房屋建筑、火灾行为,以及火场的其他方面花一些时间。这是一个特殊的岗位,因为其他的消防队集中关注在战术任务上,并没有太多的时间去关注上述内容,也不能像快速干预小组一样对火场有一个总体的了解。许多消防员和指挥员从未有幸能通过在现场目睹一场火灾而理解一名消防队长的思维方式。通过教育,他们逐渐理解,通过观察着火建筑的外部情况来确定内部消防队的救援进展、倒塌的可能性和火灾蔓延等,甚至更多的情况是一件非常不容易的事情。

5. 恶劣气候条件下的部署工作

天气,如严寒、积雪、冰冻、酷热、潮湿以及大雨都可以阻碍快速干预小组的部署工作。快速干预小组必须和事故指挥员或快速干预小组指挥员合作,寻找一个可供避难、距离又非常近且十分有效的集结区以保护快速干预小组在恶劣天气条件下不受影响。举个例子,避难处可以是办公室或公寓楼大堂、居民区的车库,有空调或暖气的消防车和康复公车。在许多情况下,快速干预小组避难处也给小组成员留下了想象的空间。

6. 严寒

根据冬天天气情况的类型,如寒冷、冰冻、冰雹以及大风大雪,快速干预小组能得到庇护是很重要的。如果要部署这个小组和他们的设备时,他们一定要处于最佳状态。厚厚的积雪可能会阻碍快速干预小组,因为它使小组成员变得筋疲力竭,给他们搬运工具造成了一定的困难。

7. 酷热

快速干预小组在建筑物火灾进行常规集结时,小组成员无须穿着防护服与空呼器。他们只需在抵达集结区域后再开始穿着佩戴这些装备,然后候命即可。在夏季的炎热高温环境下,还须考虑实际情况。否则让快速干预小组成员在接到现场部署命令前10分钟就穿上全套装备待命,他们极可能会由于热衰竭而中暑。

2.4 快速干预现场评估作业

每一个求救信号都是独特的,而且受无处不在的墨菲定律(Murphy's law)的影响,即"凡是可能出错的事必定会出错"。我们更加有理由记得以小心谨慎的态度来启动快速干预小组救援任务。当发出了一个求救信号或者个人安全报警激活时,要记得任何事情都有可能出错(比如轰燃或者发生二次坍塌,都会造成快速干预小组瘫痪)。

消防人员需要明白快速干预行动是一场生死较量的战斗。除了快速干预小组救援部署以外,评估行动非常频繁,颇具挑战性,而且涉及整个小组。这正是快速干预小组指挥员建立领导角色使小组团结一致的时候。

1. 启动快速干预小组指挥员评估程序

(1)快速干预小组指挥员或者快速干预小组区域指挥员(如果指派了)应该迅速向事故指挥员报告。

(2)为快速干预小组建立集结区。

(3)从事故指挥员那里获取作战指示。

(4)通知小组集结区域,所需救援工具以及对火情的全面评估。

(5)当小组成员从消防车取回救援工具时,快速干预小组指挥员开始对建筑进行评估。为了减少对快速干预小组中自由行动成员的指责,在进行评估作

图2-3 快速干预小组指挥员尽可能对整幢建筑进行彻底的评估

业时必须遵循综合标准操作指南。此外,如图2-3所示,向事故指挥员直接通知快速干预小组包围整幢建筑,尽可能对整幢建筑进行彻底的评估。

2. 快速干预小组指挥员对火情的评估

火情的全面评估应该是快速干预小组指挥员及其他成员,或者是快速干预小组指挥员及其区域指挥员共同协作完成。快速干预小组指挥员需要至少两个人组成团队来操作的理念势在必行,原因如下:

(1)操作无线电至少要有两人组成的小组会更加安全。

(2)"三个臭皮匠胜过一个诸葛亮。"为了迅速观察和获得评估信息,两个人具有一定的优势。

(3)提前策划可能的救援方案就会更容易、更迅速、更彻底。

(4)提供了一个指导的机会。当快速干预小组指挥员给一位消防员带来了火场情况评估信息时,它为这个消防员学习和经历更多关于火场行动的情况以及如何提前策划救援行动提供了机会。

积极主动的快速干预小组指挥员会促使小组团结一致,共享关于评估火场情况的信息。这种信息包括:

（1）即时的火灾条件——扑救火灾的成功或失败。

（2）房屋建筑类型、入住率、面积。

（3）逝去的火场时间。

（4）现场战术的有效性。

（5）建筑物通行（如门、窗、走廊、安全出口、消防梯）。

（6）特别关注（高安全性、围栏、砖石稳定性和裂缝、建筑朝向、电线等）。

（7）建筑预案（快速干预小组指挥员要尝试找到一个建筑物预案。他们对于大规模的商业大楼、工业大楼和高层建筑是非常重要的，而且能够解释火场评估不能回答的问题，如建筑或者特殊楼层的内部结构。）

3. 评估救援场景

一旦收集到了评估信息，小组也集结到位，指挥员要根据这些信息提前策划可能的救援情景，这非常重要。举个例子，一所单层砖石结构，面积约为250英尺×100英尺（76.20米×30.50米）的初级中学发生火灾，发出多重火灾警报，这时快速干预小组接到命令开始集结，备好救援装备开始做出评估报告。火灾起火点位于健身房储藏室，燃烧的橡胶垫紧挨主电配间。在评估过程中发现，由于学校栅栏高筑（除非切断），并且屋顶是预制混凝土结构，配电间仍有带电物体，我们不能包围整栋建筑。事故指挥员到达之后，迅速建议第二批快速干预小组到建筑的另一端。小组总结的重点是，由于现场有带电物体、困难的通风状况以及进行大范围搜索行动可能导致难以联系上灭火救援队伍等各类情况。

与第二批快速干预小组建立起了通信联系的同时要进行第二次火场评估，以重新评价战术和建筑条件。那么，另外一个小组总结就有了及时的更新，并预想消防员救援可能出现的情况。第一个回顾的场景是关于失踪/迷路的消防员的求救信号。由于现场走廊和健身房充满浓烟，进行了两次大范围搜索后，确定了定位点。审查了辅助绳索的使用，确定了热成像摄像机的安放位置，也重申了通信技术并提前策划了额外的支持。第二个场景是一名消防员被物体紧紧缠绕，而且他的呼吸器空气剩余量已经不多。再一次说明，我们必须考虑到热成像仪、救援绳索以及其他空气呼吸器空气管理资源的重要性。

在许多情况下，当第二次对火情进行全面评估时，该小组对外宣称火灾已经得到控制，快速干预小组可能就会暂时停止行动了。幸运的是，在这种情况下没有部署快速干预小组，但更重要的是他们总是时刻做好战斗准备。

事实上，如果这个小组集中关注他们的任务，准备好作战工具，内心上已经准备好处理几乎所有能想到的情况，那么这将会是最安全和最有效的部署。但这并不意味着消防员不会受到伤害，或者说救援总会成功，而是意味着能够把损失减少到最小。

4. 检查建筑尺寸（宽度 × 深度 × 高度）

快速干预小组指挥员一旦到达现场，就应该对其目标处理区域的建筑尺寸做评估。如图2-4所示，在大街上估算尺寸的时候，最好采用四舍五入方法（如200英尺 × 300英尺 × 3层楼高，不需要精确到175英尺 × 250英尺）。在多数情况下，这样精确的尺寸从来都不是正确的，也不会产生重要的影响。建筑尺寸对于快速干预小组的作用如下：

（1）计算快速干预小组或者支援小组需要拉伸多长的水带。

（2）计算所需搜索绳的长度和数量，是否需要实施大范围搜索计划。

（3）计算空气呼吸器的空气需求量。有些情况下，建议使用60分钟的空气呼吸器气瓶。

（4）根据区域和/或建筑高度，计算各种救援情况的类型所需快速干预小组

图2-4　为了灭火救援，测量建筑尺寸时建议使用"四舍五入"方法

数量。

（5）计算所需要的额外的快速干预小组。

得到建筑尺寸之后，快速干预小组官员就应开始审查研究可能发生的消防员救援场景。例如，快速干预小组指挥员对于灭火中队深入大型建筑之后遇到"只能进不能退的处境"的预感高度重视。因为灭火中队在撤退前可能会消耗大多数空气呼吸器里的空气，抑或是消防员在大型建筑里失去方向感从而迷路，因此，需要快速干预小组的可能性大大增加。此外，快速干预小组的担忧还包括大型建筑灭火救援的消防员很可能由于恶劣的火灾条件、中暑虚脱、疲惫不堪甚至心脏病而导致自身也成了受害者。

5. 检查建筑用途

建筑用途可以分为以下几个部分：

（1）单户住宅。

（2）多户住宅。

（3）商店和办公室。

（4）高层建筑。

（5）仓库和制造商。

（6）事业单位和教育机构。

（7）公众集会。

快速干预小组指挥员能否迅速确定建筑用途将会影响消防行动和任何潜在的问题。如果建筑是用于酒店或者公寓的，那么快速干预小组应该预料到搜索队伍可能遇到的危险。许多消防部门，在火灾楼层的上方而且没有水带的情况下进行主要搜索，这是一个标准程序。快速干预小组对于搜索队伍在什么位置，多少人在搜索要时刻保持警惕，并不断地接受从火场利用无线电发送来的最新数据。

如果建筑是用作仓库或者是制造商品，平民人数可能微乎其微，然而，建筑内可能藏有危险化学品和各种"捕人陷阱"。这更加需要快速干预小组不断地评估情况而预知到危险。这种类型的建筑物，都是一些布局混乱的办公室，就像开放式区域的迷宫一样。快速干预小组在指挥处检查建筑物预案，或许能对了解建筑布局有一定帮助。

6. 检查房屋建筑类型

在对建筑火情进行评估工作的时候，确定房屋建筑类型极其重要：

（1）无保护的木结构建筑。墙壁、地板和屋檐结构都是木制框架。没有耐火材料保护木框架，且不具备自动喷水灭火系统，如图2-5所示。

（2）受保护的木结构建筑。墙壁、地板和屋檐结构都是木制框架。居住空间的内墙和天花板表面受耐火覆盖物和自动喷水灭火系统保护，如图2-6所示。

图2-5　无保护的木结构建筑

图2-6　受保护的木结构建筑

图2-7　无保护的普通建筑

（3）无保护的普通建筑。承重墙是石造建筑。柱子、木地板和屋顶的甲板都暴露在大火之下而受不到保护，如图2-7所示。

（4）受保护的普通建筑。承重墙是石造建筑。柱子被耐火覆盖物保护着。所有木地板底部和甲板都受耐火覆盖物保护。自动喷水灭火系统也可能提供额外的保护，如图2-8所示。

（5）无保护的不燃建筑。钢结构暴露于火灾中，完全不可燃烧的建筑，如图2-9所示。

（6）受保护的不燃建筑。钢结构暴露于火灾中，完全不可燃烧的建筑。所有垂直开口都由经过批准的门保护起来。钢的耐火覆盖物通常很轻（比如石膏板、喷射耐火覆盖物和类似材料），如图2-10所示。

（7）耐火建筑。没有钢结构暴露出来，而且所有的垂直开口都受经过

图2-8　受保护的普通建筑

图2-9　无保护的不燃建筑

图2-10　受保护的不燃建筑

批准的门的保护。钢结构的耐火覆盖物通常是灌浇混凝土、砖头或者是空心混凝土砖。

（8）重型木结构建筑。一个典型的磨坊建筑。它的承重墙或者柱子都是石造建筑或者是重型木结构，而且暴露在外的都是木制件，最小尺寸为2英寸（5.08厘米）。如果有钢柱子或是铁柱子，那么他们通常会受到耐火保护。

7. 检查有关烟雾和火灾行为的房屋建筑类型

快速干预小组必须回答的两个问题是：

（1）火（蔓延）让在场的消防员能够承受多久？

（2）建筑（被火侵袭）让在场的消防员能够承受多久？

例如，一幢具有防火分隔的公寓大楼能够经受一段时间的大火燃烧。在这种情况下，快速干预小组考虑的重要因素就是燃烧的巨大热量和潜力能够让灭火队和搜索队受到伤害。相反，一幢用轻型木制工字梁和复合板建成的不受保护的木结构建筑,如果发生中等火灾,在结构部件彻底坍塌之前只能承受几分钟的时间。在这种情况下,我们考虑的最重要的因素就是消防员从楼层或屋顶跌落的可能性。如图2-11和2-12所示,是两种不同类型的建筑,快速干预小组必须了解建筑结构而且对诸如火灾行为方面要有足够的经验,如图2-13所示。这就能使快速干预小组更好地预计可能发生的问题,以便随时

图2-11 钢筋混凝土耐火建筑

图2-12 重型木结构建筑

图2-13 烟雾状况能够为快速干预小组部署工作预示一些重要的灭火和潜在的需求

做出恰当的反应。想要理解房屋建筑如何与火灾行为相关,你必须知道在火灾中建筑结构部件的性能。

木材。木材好比是火上浇油,当外来的木饰面暴露于多次轰燃和升高的温度时更是如此。快速干预小组最大的担心是在轻型桁架建筑中使用木材和复合材料。在伊利诺伊消防研究所和香槟市消防局[5]的共同努力下,对五种不同的、长宽分别为8英尺和9英尺长(2.44米×2.74米)的地板系统(企口地板)进行广泛的测试。每一种地板板面的活荷载为31帕斯卡,遇到B类火源就会暂停,直至完全燃烧而失效。我们记录下了失败的次数与数据对比,具体如下:

木质地板系统	凹陷时间	烧穿或失效
2英寸×10英寸(5.08厘米×25.40厘米)地板搁栅	8分钟	9分钟
木质工字梁(如图2-14所示)		4分40秒
2英寸×4英寸(5.08厘米×10.16厘米)木质空腹桁架,金属角撑桁架构件(如图2-15所示)	8分钟	9分钟(该系统进行活荷载超过15分钟)
金属冲压外部恐怖桁架和木制顶部与底部空腹桁架	6分钟	7分30秒
空腹桁木,上弦梁和钢管桁架构件	6分50秒	9分45秒

（1）2英寸×10英寸地板搁栅：8分钟出现地板凹陷，9分钟失效。

（2）木质工字梁：4分40秒内失效。

（3）2英寸×4英寸木制空腹桁架，金属角撑桁架构件：8分钟出现凹陷，9分钟失效。该系统进行活荷载超过15分钟，但是在重大火灾条件下从开口至整个系统会允许火焰自由穿行。

（4）金属冲压外部空腹桁架和木制顶部和底部空腹桁架：6分钟出现凹陷，

图2-14 木质工字梁建筑

图2-15 2×4英寸木制空腹桁架，金属角撑桁架构件

33

7分30秒失效。

（5）空腹桁木，上弦梁和钢管桁架构件：6分50秒出现凹陷，9分45秒失效。

在开始灭火几分钟以后，如果快速干预小组指挥员能够识别轻型建筑、火灾荷载和大概的燃烧时间，那么就可以计算出倒塌的可能性。意识到轻型结构倒塌的平均时间大概在3分钟之内，那么从某种程度上就可以确定这种倒塌的危险。另外，我们可以知道地板烧穿的时间比搁栅失效的时间少。任一构件的失效都可能会使消防员从楼板上跌落下来。有了这些知识，快速干预小组就会以最高的戒备待命，这样才能增加成功的可能性。

钢材。钢材是不会火上浇油的。然而，它会升温、膨胀、扭曲、倒塌，降低所设计的承载负荷。另外，当钢梁膨胀，就会推动墙壁，也就引起了结构倒塌。通常，工字梁在1 000华氏度（537.78摄氏度）时会膨胀9英寸（22.90厘米），热度达到1 300华氏度（704.44摄氏度）时就会倒塌。

通过观察钢梁和钢筋桁架梁，比较火灾条件，查看时间，观察灭火射流的影响以及观察墙壁，快速干预小组指挥员很快就能觉察到建筑物能否经受得住。然而，经验丰富的消防员仍然会被装有钢梁的屋顶的倒塌所玩弄。

1984年的冬天，胜利之星电子设备（Vicstar Electronics）直营店发生火灾，因屋顶坍塌导致3名消防员壮烈牺牲。这幢大楼长100英尺（30.48米），宽30英尺（9.14米），大概有一二层那么高，是一幢无保护的普通建筑，它往往是纵火者使用易燃液体在大楼周围引火的目标。平坦的屋顶很坚固，由跨越建筑物宽度的工字型钢梁搁栅所支撑。屋顶的通风设备是常规的设施。然而，由于高度的安全系统，进入建筑物是非常困难的。这一耽搁让火情更加恶化，而且削弱了在阁楼的屋顶椽子的稳定性。屋顶上大型空调机组的安装是我们不知道的。这是工字型钢梁搁栅之间的，而不是对搁栅本身的。如果安装是根据标准来的，那么空调机组就会安全地把静荷载质量转移到承重墙上。发生严重火灾，所有的因素比如积雪的重量、消防员及其携带的救援装备和空调机组的重量等都会导致屋顶坍塌，在此之前并不会有任何警告。

虽然有许多能够帮助决定钢筋桁架屋顶在什么时候、如何坍塌的指导手册，但是这些引导已经没有什么意义了。对快速干预小组指挥员来说，当他们试图对现场进行评估的时候，钢筋桁架是一个无法预测的麻烦。这样的屋顶会在第一批消防车到达的5分钟之内没有任何预兆就倒塌了。弗朗西斯·布朗尼根（Francis Brannigan）说得好："桁架的本质决定了其致命性的弱点。它们就是无情的杀手。"

混凝土。混凝土是不会火上浇油的。然而,它会裂开,让钢材暴露在外,最后倒塌,降低了预期的负载。它会产生巨大的热量,把水迅速转化为水蒸气。当务之急就是在所有的救援行动中要考虑到火灾中有混凝土的存在。

8. 检查坍塌的可能性

快速干预小组人员需要意识到内部清理火场时可能倒塌的区域。严重受损的室内楼梯、外观门廊和地板可能会倒塌,接着墙壁可能也变得不牢固了,随之倒塌。如果外部的消防射流被用来扑灭猛烈的火,而且马上进行清理建筑物内部火场,那么必须要从上到下仔仔细细地勘查。从大楼中排水的时候,应使用登高装置对楼宇结构进行评估,比如屋顶、楼梯、地板和外部墙壁的整体情况。在评估的过程中,在倒塌区域,指挥员和消防员是允许操作登高装置的。在这个时候,快速干预小组必须保持警惕。我们必须牢记,建筑物是可以取代的,而消防员却无法取代。

9. 检查窗、门、安全出口和门廊的位置

当快速干预小组指挥员对房屋尺寸进行全面的初步估算之后,也必须考虑到居住情况、建筑类型和出入口处。这些不同类型的门窗有可能就是救援行动中人员逃生、救援和进口的地方。

10. 检查高度安全门、有铁栅的窗口和大楼改造潜在的危险

必须设法解决这样的封锁危险,有时根据情况马上处理掉这些危险。如果从市中心商业店[35英尺×60英尺(10.67米×18.29米),二层楼那么高]的前方(或者是燃烧的一侧)开始灭火,而且后面一楼的通道门在很大程度上是安全的,那么快速干预小组指挥员应该尽快告知事故指挥员。如果消防队没有到达来打开门,那么快速干预小组应该去打开通道门,然后返回到集结区。当快速干预小组被分配到任何火场时,在这种情况下或者其他情况下,他们所要关注的是:

(1)如果快速干预小组很忙,而且仅关注于一个很难破拆进入的问题,那么快速干预小组存在的必要性就被否定了。

(2)同样是破拆的例子,可以想象,快速干预小组会变得精疲力竭,有可能在这个过程中用尽他们珍贵的呼吸器空气。

(3)如果快速干预小组错位了,没有把注意力集中在火灾状况和结构的改变上,那么很容易变成和他们所要拯救的消防员一样,成了受害者。

基于经验和人员配备,快速干预小组指挥员就是否要强行打开门、举高消防

梯或者移动水带线不得不做出判断。如果打开门上的高安全性系统难度太大，快速干预小组指挥员就必须马上通知到事故指挥员。

11. 检查火场战术：进攻、防守、防守到进攻，或不进攻

快速干预小组指挥员应尽可能快地确定事故指挥员所使用的战术类型。

（1）进攻型灭火：快速干预小组期望消防员在建筑内部行动，他们将要使用无线电通信、进度报告、火场时间和视觉观察来确定任何类型的战术进展。根据快速干预小组标准作业程序和建筑的类型，快速干预小组指挥员和其他成员可以进入建筑物进行侦察。定位无数进入到楼梯、办公室的进口处，以及大型的商业楼宇、工业楼宇和高层建筑的电梯位置，像这样的例子就是说明为什么要做这样重要的侦察。

（2）防守型灭火：试图控制迅速蔓延火灾的消防队要迅速撤退到安全位置，并取得供水。快速干预小组到达现场后，就要马上调查消防队的状况以及最先到达的消防队。如果已经进行了内部火灾的扑救，消防员也已经从大楼中退出，那么他们肯定是出去了吗？他们现在在哪里呢？

许多防守型灭火也需要确定坍塌区域。像消防员进入那些坍塌区域，然后被掉下来的碎片砸伤或是掩埋的事情也时常会发生。快速干预小组部署必须权衡二次倒塌的可能性。这就需要快速干预小组指挥员根据知识和经验来迅速做出决定，以确定这个小组能否在救援中避免危险而存活下来。

1961年，伊利诺伊州芝加哥的希尔科布莱奇（Hilker-Bletsch）大火中，由于发生二次坍塌事故，9名消防员牺牲，56名受伤。无保护的普通建筑和重型木构建筑以3种不同的工业用房占据了整个城市街区。当转到防守型灭火时，因为消防大队长和一位消防员正从一幢二层的工厂撤离出来。他们从装有铁栅的安全窗口求救，消防员就举高消防梯，开始用氧乙炔喷焊器切断铁栅。突然，二次坍塌的碎片掉入了同一幢建筑，两名被困人员和7名救援者牺牲，也有其他人员被困和受伤。在这种情况下，我们抛下了所有的规则，也就是说，这是最需要快速干预小组战备状态的时候。此时有些消防员拒绝靠近建筑支援救援，有些消防员在建筑倒塌的时候跑去支援救援。在这个例子中我们可以看到，快速干预小组的主要敌人就是二次倒塌。已经退休的纽约市消防局副局长文森特·邓恩（Vincent Dunn）对二次倒塌教育和培训的需要做出了最好的评价，他说，"对于所有的消防人员培训是强制性的。"

在防守型灭火中可能出现的另外一种情况是，当最初的火灾受到控制而且

在建筑中实施了进攻型灭火战术。在这种情况下，第二次定位而不是原先火灾爆发的地点可能是快速干预小组需要密切关注的事情。

（3）防守到进攻型灭火：因为内部的消防队在一场"闪电战"之后，即使用集水射流来控制迅速蔓延的大火以后，他们在大楼内部进行灭火行动，这样的灭火会有很大的危险。大楼很可能被大火严重削弱了稳定性。如果选择这种灭火方式，那么房屋建筑和占用类型会帮助到快速干预小组。

12. 检查战术指挥板

使用指挥战术行动板是快速干预小组指挥员获得战术信息的另一来源。可观测信息要与书面命令的详细信息相匹配吗？战术板能够迅速展示大量信息（如果使用恰当），帮助确定供水线的数量，消防队和搜索队等的位置。从指挥处得到的另一信息来源是火场问责制。预知灾难性事件的发生比如坍塌，快速干预小组能够说明现场消防员的大概人数、任务以及分配到哪个消防队。

然而，快速干预小组指挥员获得信息的其他方法就是从事故指挥员那里得到信息，相反地，快速干预小组指挥员也会定期地向事故指挥员传达更新的信息或者各种担忧。在一件事故中事故指挥员和快速干预小组指挥员的关系，尤其在快速干预小组被启动时变得很珍贵。除了口头交流之外，就镇定、信心、困惑、焦虑而言，观察事故指挥员的总体行为以及在紧急现场中的许多其他行为可以向快速干预小组指挥员传达出真正的情况。

13. 检查火场消防梯和登高车中队行动

快速干预小组指挥员通常关心的一个关键问题是"在任何时候都有足够的登高车中队行动吗？"必须要有足够的人员和指定的消防队为水罐车中队在大楼内部的行动提供必要的支持。当然，内部灭火越积极，通风的需求就越大。相应地，消防梯用得越多，消防员能够从危险的处境逃离出来的机会就越大。由于某种原因，如果内攻消防队没有得到所需的登高车中队的支持，那么快速干预小组指挥员应该向事故指挥员建议需要使用更多的消防梯。如果在那时缺少人员，快速干预小组可能会使用更多的消防梯。意识到为了火场任务而启用快速干预小组的做法是不受鼓励的，因此我们使用消防梯，花费精力少，动作又快。由于这个行为使内部消防员和快速干预小组均受益，因此，快速干预小组受到鼓励去执行这一火场任务。

14. 检查火场时间与火场进度

警报时间将会对快速干预小组产生重大的影响。由于快速干预小组通常在先头消防队行动之后才到达,因此,快速干预小组指挥员不得不通过使用CAD(计算机辅助调度)设备来记录调度时间,或者从事故指挥员,或者从发至调度中心的记录来获取警报时间。经验表明,火场救援时间越久,消防员发生问题的可能性就越大。

能够确定第一个进行火场救援行动的消防队的时间参考是消防员正在使用的空气呼吸器发出了缺少空气的警报时间。通常,从第一次被启用时(以30分钟的空气气缸为基础),它们大约会在20分钟内拉出警报。一旦警报响起,大火还没有受到控制,这时快速干预小组应该变得非常敏锐,准备好处理有可能发生的问题。

15. 与康复机构核对

在扩展行动中,我们与康复机构的官员核对,以对消防员的整体情况作出评价。需要被提问题如下:

(1) 平均恢复的时间是多少?

(2) 发生过康复循环吗?

(3) 有人因中暑或者受冻需要医疗服务吗?

当消防员的身体不断恶化的时候,受伤的机会就加大了。虽然快速干预小组可能控制不了这种情况,但是他们必须意识到这个问题,而且要充分做好解决方案。

16. 与安全官员核对

安全官员通常与快速干预小组指挥员一样有着相同的担忧。因此,他们之间为了共享信息和比较记录而经常保持联系是非常重要的。安全官员和快速干预小组指挥员的最大不同就是安全官员将评估并改正安全问题,而快速干预小组指挥员不但会评估安全问题,还会为了万一发生的灾难做好各种不同的消防救援场景的准备。因为他们共享常见的安全问题,可能会出现一些情况,就是快速干预小组应该向安全官员报告,而不是向事故指挥员报告,这样就会增加另外一条指挥链。出于以下原因这是不可取的:

(1) 安全官员由于评估结构和人员通常是流动的,而且他们不可能总是随叫随到。

(2) 安全官员不可能总像消防长官一样拥有指挥权与控制权来启动快速干预小组。

(3) 对安全官员的重视程度高于事故指挥员只能证明这是指挥链里的另一种官僚水平,这在求救信号中是不能容忍的。在火场指挥、快速干预小组及其行动中必须存在一个直接的沟通渠道。

17. 与紧急医疗服务人员核对

紧急医疗服务单位是在火场救援行动中消防员的福利,他们应当在现场。建筑火灾的初始响应由于吸入烟雾、烧伤或者人们从窗口跳下而导致的受伤可能需要一个或更多的紧急医疗服务单位。正如老百姓需要紧急医疗服务一样,消防员也可能需要同样的服务。在许多情况下,如果有一位消防员需要紧急医疗服务,这时也应当启动快速干预小组,即便就是帮助一个需要急救的受伤人员。因为这时候建筑内部情况不断恶化,消防员会变得筋疲力尽,还可能会发生其他问题。如果可能的话,一个紧急医疗服务单位需要马上到达现场,救助现场作战的消防员。在快速干预小组被启动、部署以及找到一名失踪或被困消防队员以后,他们第一个要去的地方就是紧急医疗服务单位。

紧急医疗服务培训在建筑物内部的消防员救援行动中发挥着重要的作用,同时在消防员救护或者坍塌恢复过程中让受害者保持病情稳定也扮演着重要的角色。

18. 重新确定快速干预小组的位置或者组建另一支快速干预小组队伍

在某些情况下,比如在一家很大的工厂后方发生火灾,事故指挥员可能处于这个建筑的前方。我们应该做的是建议重新确定快速干预小组位置,告知建筑后方的行动组官员,目的是为了减少响应时间、距离、救援工具不足以及疲劳等不利因素。如果建筑周围有障碍物(比如围栏、墙壁、铁路调车线等)而阻止了快速干预小组进入到相应位置,那么组建另一支快速干预小组的选择将显得尤为重要。鉴于这样庞大的建筑,比如购物中心、工业仓库或者高层建筑,重新确定快速干预小组位置或者组建另一支快速干预小组同等重要。

许多时候,当建筑发生大火时,快速干预小组未能在灭火区域集结。一种情况下,快速干预小组因环绕建筑花费的时间导致其不能完成任务,而且现有人员却在全力救援跌落的消防员。另一种情况下,快速干预小组不仅因建筑尺寸,而且因屋顶坍塌、消防员被困导致前后方通信中断而造成他们延迟走到大楼的后方。正是因为这样的环境条件,快速干预小组指挥员要解决诸如快速干预小组在哪里集结,以及是否需要配备快速干预小组的问题。

(1)建筑物(如高层建筑、购物中心、工厂)的规模和复杂性。

(2)建筑物周围找到所有入口点的能力。

（3）涉及的建筑物数目。

（4）灭火出动集中区域。

19. 部署、集结快速干预小组

根据火灾现场的具体情况，快速干预小组在最有利的地方集结。集结地没有理想之处，但是有一些基本的策略可以参考，例如，根据建筑物类型、可进入点以及所知的建筑信息。

（1）高层建筑。如果快速干预小组扑救高层建筑火灾，他们的位置应该靠近事故指挥员同时离起火的楼层下方一二层的地方。根据楼层面积（有些情况下是20 000平方英尺，约1 858.06平方米），快速干预小组可以聚集在离灭火最近的特殊楼梯间。指挥处和物流部门所需的快速干预小组会在起火层下几层集结，而所需的额外的快速干预小组会在火灾下面几层聚集。

当快速干预小组指挥员聚集的时候，可以获得楼层布局、楼梯间的位置、窗口布局、电梯通道的信息以及任何与高层建筑有关的注意事项。

把工具和设备运输到指定的集结区（向上运输，有望可以使用电梯）对于快速干预小组来说非常重要。走上集结区之前花费额外的时间去细化快速干预小组工具是值得的。花费宝贵的时间从20层楼下来去取丢失的哈利根铁锹非但不现实，反而是等到你意识到它已丢失的时候，电梯可能已经无法正常工作了。

（2）购物中心。在购物中心，有许多不同楼层的入口，主要的快速干预小组应当位于离消防区域最近的地方。在超级商场里，当灭火小组进行火灾扑救时，主要的快速干预小组应位于靠近内部的区域指挥员的商场里。部署时间、快速干预小组和战斗在前线的人员之间的距离都是非常重要的问题。

当快速干预小组指挥员聚集的时候，可以获得楼层布局、楼梯间的位置、窗口布局、电梯通道的信息以及任何与高层建筑有关的注意事项。

其他快速干预小组可能与区域指挥员共同集结到建筑物内部，进行大范围搜索行动，目的是覆盖到不同类型的入口点。

（3）码头。码头火灾限制消防车与救援人员进入火灾区域，同样限制了逃生和救援的机会。码头可以很大，可以是购物中心的经营场所、供娱乐的厅堂、嘉年华会和木板人行道或者是内有重型机械的工业建筑。从逻辑上来讲，码头通常只在路侧允许有个进口处，因此限制了消防车与救援人员的灭火区域。在扑救码头火灾时，如果灭火队或者搜索队被大火阻隔或切断，这是非常危险的。

救援能力将大大削弱,因为水带线必须通过被阻断的猛烈的大火,才能使救援行动得以在码头的路侧进行下去。

第二批快速干预小组集结的一个比较理想的地方,是在装满工具的消防船上。在灭火行动中,如果消防船使用集水射流,可以把它不断关闭,还可把快速干预小组移动到离求救信号最近的、最容易到达的水泊边。消防船可以提供额外的水带、工具、通信,成为快速干预小组行动的救援装备。

(4)工厂和仓库。工厂和仓库发生火灾,不仅因为楼层面积与高度因素,而且因为它的不可进入性。许多这样的建筑没有窗户,但有危险的场所、高度安全系统、滚动式门和像迷宫一样的内部配置。快速干预小组进入这种大楼去搜索一位失踪的消防员,需要良好的无线电通信、建筑物预案、大范围搜索过程以及足够的人员去执行、支持搜索行动。如果搜索行动缺少任何一种因素,那么就会有更多的消防员失踪。如果快速干预小组在楼道有冷烟的建筑内灭火,且能见度很低,面对的最大敌人就是有限的空气呼吸器内的空气以及快速干预小组消耗空气的速度。当快速干预小组跟踪受害者的无线求救信号和/或被激活的个人呼吸器时,他们很可能是过度承担任务。从不同的进入点进入的额外的快速干预小组可以帮助减少过度承担任务情况的发生,并且能够更快地找到受害者。

在许多情况下,重新确定快速干预小组的位置或者组建另一支快速干预小组成为评判快速干预小组指挥员的一项标准。发生紧急事故时,可能需要立刻出动,也有可能需要稍晚一些。在任何一种情况下,它都能确定快速干预小组能否成功营救一位失踪或是被困的消防员。

2.5 快速干预备忘录

如果快速干预小组指挥员训练有素,时刻保持警惕,并能未雨绸缪,那么每一个快速干预小组的工作岗位就相当于是为每一名需要在火灾与其他突发事故现场进行作业的消防员制定了一份极其珍贵的生命保障计划。当然,随着时间的流逝,曾经记录下的信息以及技能会不断消失。因此,推荐使用简单的单页备忘录概述本地快速干预小组行动的作业情况。快速干预小组备忘录的尺寸可以再减小一些,表面可以覆有薄面护层,可以贴在仪器仪表、护目镜上面,抑或是可供快速干预小组指挥员快速参考的任何区域。

快速干预小组备忘录
快速干预小组评估

建筑类型及尺寸(长×宽×高)

建筑用途

建筑倒塌可能性、安全系统以及进口/出口处

火场战术

进攻型　防守型　防守到进攻型　不进攻

警报的时间 _____ 第一次进入 _____ 流逝的时间 _____

战术进度报告以及战术指挥板或指挥片

追责制

围绕建筑使用消防梯

快速干预小组装备和工具
普通装备

救生篮或消防梯　　　　　　　　　　空气呼吸器空气

搜救绳(150英尺,约45.72米)　　　手动工具(铁制和普通)

热成像摄像机　　　　　　　　　　　动力锯(链锯/木刀片)

耐火/不燃装备

救生篮或消防梯

搜索绳(150英尺,约45.72米)

热成像摄像机

空气呼吸器

手动工具(铁制、混凝土、金属)

动力锯(铁刀片)

哈利根铁铤

其他快速干预小组行动

紧急医疗服务

安全官员

康复部门

其他快速干预小组或者重新确定快速干预小组位置

回顾可能的快速干预小组救援场景

特殊危害

_____

_____

_____

_____

2.6 常见问题解答（FAQs）

组建合格的快速干预小组是出于拯救生命的需求。然而，正如在前面介绍中所提到的，发展和组建快速干预小组的过程相当漫长。作为这本书的作者，我们已经举行了许多研讨会，并且在整个美国已教授了无数的课程。以下的问题是从参加研讨会和课程的人员中搜集来的。希望这些问题和答案能够帮助消防部门组建自己训练有素的快速干预小组。

1. 对于响应和行动，快速干预小组是如何配备人员的？

答：① 对于城市或郊区而言，需要从另一个地区、部门或者消防部门获取另一灭火中队的额外响应；② 对于乡村而言，则需要从另外的消防部门或地区获取另一灭火中队的额外响应。考虑到响应距离，需要一个迅速的响应。

2. 快速干预小组人员配备推荐是什么？

答：根据NFPA 1500 6-5标准推荐，每一个快速干预小组的人员配备最小要求是两名消防员。

根据消防长官的期望，对于城市或郊区而言，应该最少需要4名消防员。

对于乡村而言，则应该最少需要4名消防员。虽然到达的灭火队伍可能没有4名消防员，但是该队伍可以随时召集听候指挥的人员。

3. 快速干预小组是否需要像专业团队一样受到培训？

答：不需要。虽然一些大型城市以及大都市确实有重型救援队，但那是根据一些专门领域如危险品、密闭空间、坍塌等来配备人员和进行培训的，不过这种情况极为少见。我们建议城市、郊区以及乡村的消防部门和地区都能平等对待和培训所有消防员,允许他们都能成为快速干预小组一员。

4. 何时应当派遣快速干预小组?

答:(1)城市/郊区:可以依靠以下情况派遣。举个例子,公寓大楼发出了火警警报不一定需要快速干预小组响应,但是一幢高层建筑的第18层发出了火警警报就可能需要快速干预小组响应。快速干预小组的如何调遣是由确认的火灾报告所决定。

(2)乡村:由于从一个地区到另一个地区之间的漫长距离和时间,建议快速干预小组尽快进行调度。一旦确认火灾之后就得开始调度,而不要等接到大楼内部发生烟雾报告或者确认为结构火灾再调度,此时已晚矣。这样就会失去宝贵的黄金救援时间。

5. 一旦到达现场,快速干预小组指挥员的报告对象是谁?

答:事故指挥员。快速干预小组指挥员与事故指挥员之间要建立一种关系,并且及时回答事故指挥员的提问,万一发生灾难性的事件,能够减少混乱场面的发生,这个很关键。

6. 快速干预小组可以重新被分配到灭火战术部吗?

答:(1)城市/郊区:可以,但这不是一种可取的做法。如果重新分配,对于安全和/或突发事件的火情控制会产生重要的影响,那么强烈建议重新分配。如果重新分配的影响微不足道,那么在快速干预行动中就要避免轮流值班这种工作模式。

(2)乡村:可以,但这也不是一种可取的做法。考虑增加先头响应灭火单位,阻止重新分配快速干预小组,避免因花费很长时间(行程时间和距离)而失去快速干预小组。

(3)如果是为了康复目的,就不应把人员重新分配到快速干预行动中去。

7. 什么时候停用快速干预行动?

答:应当根据事故指挥员的判断力。对于一个建筑内部物品着火需要"快速灭火"的建筑来说,启用快速干预小组将受到限制。如果在整修过程中发生危险情况,我们都建议启用快速干预小组直到这些行动完成为止。

8. 当快速干预小组都集结到位时,消防人员还必须穿上消防战斗服、戴上空气呼吸器吗?

答:这个应该根据快速干预小组指挥员和/或事故指挥员的判断力。只要有可能,就应该做好高度准备,但是应该考虑到极端天气情况或者允许脱下消防战斗服的扩展行动。如果你还指望消防员在90华氏度(32.22摄氏度)的天气下仍背着空气呼吸器去完成快速干预小组活动和执行救援行动,那么这只会适得其反。

9.什么类型的抢救车应该响应,快速干预小组工具是哪里来的?

答:(1)城市/郊区:如果有可能,建议使用大型抢险车或者登高车中队。由于可以得到大量的资源,大多数设备和工具都是来自到达的快速干预小组抢救车。

(2)乡村:虽然也使用了大型抢险车或是登高车中队,有限的资源可能不允许利用这些设备。通常来说,抢险车上应当配备一些基本救援工具以适应快速干预小组行动。一些专门设备可能通过在现场的其他消防车上汇集起来。

10.快速干预行动的标准操作过程应当如何书面化?

答:调派过程应当包括响应过程,快速干预行动情况最多应记录1～2页。其中一页的快速干预小组检查表应贴在仪表盘上,以供参考和提醒。

第三章　快速干预部署行动

3.1　侦察队

越南战争期间,美国陆军101空降师"惊叫之鹰"根据事先已收到的情报进行侦察。他们收集了敌方的动向,武器供应以及通信掩体,这些情报被用来协助军事打击行动以及一些救援任务。而在灭火作业过程中,由一名指挥员和几名消防员组成的快速干预小组侦察小队朝预计有失踪、迷路或者被困消防员的区域谨慎行进时,获取相关信息的首要步骤就是要询问以下的几个简单直接的问题:

(1)有多少消防员失踪?

(2)这些受害人员的姓名和职责?

(3)受害人所处的位置?

(4)受害人能否通过无线电通信设备或语言交流联系?

纽约市消防局实行LUNAR模式,目的是帮助消防人员记住呼救信号中包含的信息。LUNAR的具体意义是:

L指失踪迷路或者被困消防员的位置。

U指消防员服役的中队或部门。

N指倒下的消防员的姓名。

A指消防员的任务(内部搜索、屋顶等)。

R指无线电通信或者无线通信辅助反馈。

在执行任务之前找到这些信息将有助于快速救援,降低危险。但是,现实和"墨菲定律"也许不能给快速干预小组许多需要的答案。首先是派最少的快速干预小组人员来完成多项任务。从中学到的知识可以避免多余的人力、物力做无用的搜索或走入绝境,而且可以节约时间、精力和空气呼吸器的空气。一旦开始,快速干预小组侦察小队需要报告以下内容:

（1）周围环境以及确保有效安全地进入建筑物。① 在一些情况下要决定是否需要连接地板、墙壁和天花板。② 在快速干预小组侦察队伍考虑进入倒塌的建筑物来确定受害人的位置之前，需要保证周围结构的稳定（比如独立的墙、单坡地板）。

（2）火势需要水罐车中队和额外通风的火灾状况。

（3）其他入口处，比如利用落地梯、云梯消防车、举高平台消防车或者任何带有升高平台的装置进入窗口。

（4）受害者发出的任何呼喊或求救的生命迹象。

（5）通过个人呼救器、空气呼吸器空气量不足报警或者无线电求救反馈。

如图3-1所示，快速干预小组指挥员对建筑物进行全面侦察。一旦侦察任务完成，快速干预小组指挥员就要决定是否需要人员增援，进入建筑物，或者快速干预小组侦察队是否要撤离，按指示重组，去补充空气呼吸器的空气，收拢工具并进行现场加固作业。

图3-1 快速干预小组指挥员对建筑进行侦察

3.2 快速干预小组区域指挥员和快速干预小组救援部门

快速干预小组区域指挥员的作用是作为快速干预小组指挥员职位的补充。然而，快速干预小组针对遇险求救信号做部署工作时，快速干预小组区域指挥员的作用显得尤为突出。尽管大多数消防部门不具有足够的人力调派到快速干预小组，更不用说把一名指挥员调派到快速干预小组区域指挥员这个位置上。这反而证明快速干预小组指挥员在救援过程中的作用非常大。事实证明区域指挥员是救援作业中最为重要的职务。因此，只有在那些大型复杂建筑物林立的大型城市消防队才会设立快速干预小组区域指挥员这个职务。如芝加哥消防局就会任命一名大队长参加一起建筑物火灾的快速干预作业。快速干预小组区域指挥员的职责包括与事故指挥员沟通、建立集结区域，和快速干预小组指挥员一起

图3-2 在快速干预小组部署进入到建筑搜索遇险消防员之前，快速干预小组区域指挥员与快速干预小组指挥员在入口处进行评估工作

对现场进行评估工作以及审查救援场景，如图3-2所示。

　　理想的快速干预小组区域指挥员候选人要求其已经是最高级的指挥员，并且能够监督指导快速干预小组从到达到撤离现场的全部过程。快速干预小组区域指挥员的主要任务是为快速干预小组提供能够协助其完成救援任务的所有支持帮助。也许听起来简单，实则不然。快速干预小组区域指挥员加入快速干预小组救援活动的主要原因，在于一旦快速干预小组指挥员进入建筑物，他们就要集中精力确定向前行进的风险，对快速干预小组负责，并且完成搜索和救援任务。如果快速干预小组指挥员全身心投入这些职责，他们与这个小组的其他人员之间的沟通、管理、问责将变得不可能。消防救援工作对于快速干预小组指挥员来说很难处理，要用无线电通话，决定火灾的周边环境，承担责任，判断事故的紧急程度，制定出搜索和救援计划。训练中仔细观察你会发现，快速干预小组指挥员训练中如果没有快速干预小组区域指挥员将会很容易失去一名成员，失去无线电通信，或者在需要帮助时无法得到额外的装备和支持。

　　1.快速干预小组区域指挥员的职责

　　（1）配备无线电通信设备、大手电筒、防护服全身防护、个人呼救器以及空气呼吸器。

　　（2）寻找救援失踪或者被困消防员，允许事故管理员控制建筑物其他部分的消防工作。

　　（3）控制入口和出口人员，为他们的安全负责。

（4）集结快速干预小组并为他们负责，为最早的快速干预小组提供特殊工具（例如，液压工具）。

（5）尽可能使快速干预小组指挥员不采用无线电通话。快速干预小组区域指挥员应该尝试与快速干预小组指挥员尽可能多地面对面交流信息，或者和事故主管进行无线电或者面对面交流。

（6）更新和通知快速干预小组指挥员有关不断恶化的火灾和/或结构条件以及搜救所花费的时间。需要再一次强调的是快速干预小组救援工作要在空气呼吸器规定的时间范围内完成。如果快速干预小组被替换或者接受其他快速干预小组救援，必然会出现失落和挫败的情绪。

（7）指派其他快速干预小组进入援救区域，并将目前在内部的队伍调出建筑物。

（8）管理并对最先参与救援的消防队负责，和参与搜救工作的快速干预小组无关。

（9）快速干预小组区域指挥员应在快速干预小组入口处和建筑物内的营救点之间活动。大规模训练表明快速干预小组区域指挥员需要体验内部救援，亲眼目睹快速干预小组经历的内部情况。这种体验对于提高快速干预小组区域指挥员在外部救援的决断能力大大有利，提高其判断安全险恶的能力。如果快速干预小组区域指挥员决定和快速干预小组同在内部救援，那么一定会发生以下几种情况：

（a）和快速干预小组沟通困难。

（b）因多个遇难者需和多个快速干预小组协调。

（c）包括解困在内的大规模救援行动。

（d）负责范围较广的搜索。

（e）遇难者伤势难于稳定，不易包扎和移动。

以上的许多指责曾经是属于快速干预小组指挥员的。非常重要的一点是，当一名快速干预小组区域指挥员必须要去执行内部救援时，必须有另外一名快速干预小组指挥员迅速进行外部救援作业。但还需要谨记的是快速干预指挥员同样可能遇到灭火、坠落物以及有限的听力范围与视觉范围的情况。这就需要快速干预小组区域指挥员加以协助了。

2. 快速干预小组备忘录

专门为快速干预小组指挥员和/或快速干预小组区域指挥员设计，接下来的主要内容是辨别快速干预小组人员，确认快速干预小组职位和工具，评估消防战略和策略。基本上，快速干预小组清单的第一部分是在可能发出的求救信号发出前的准备。第二部分是灾难信号发出后的结果。灾难预报程序的6个要点，保障了装备和人员都能落实。跟踪记录表要记录快速干预小组的入口，行动时间。

快速干预小组区域指挥员备忘录

（1）事故指挥员：_____

（2）快速干预小组区域指挥员：_____

（3）快速干预小组灭火队：_____

（4）快速干预小组紧急医疗服务队：_____

（5）收集问责制标签（快速干预小组全部人员）：_____

（6）最初警报的时间：_____火警箱发出的警报时间：_____

□与快速干预小组中队指挥员对建筑和火场进行评估

□快速干预小组集结区评估

□快速干预小组工具和工作人员位置审查

　　□位置#1，中队指挥员，热成像仪/无线电通信设备/哈利根

　　□位置#2，绳袋/150英尺（45.72米）/铁制工具

　　□位置#3，快速干预小组空呼器空气

　　□位置#4，工具

　　□位置#5，工具/电动或液压/无线电通信设备

□特殊危险（如安全门、玻璃砖、电力线）

□快速干预小组救援预案备用方案

（1）识别区域

（2）建筑长×宽×高

（3）建筑类型

（4）门和窗

（5）火灾区域

（6）事故指挥员位置

（7）快速干预小组集结

区域

区域

区域

区域

区域

3. 求救响应程序

（1）火场消防队切换到备用无线频率。

（2）升级到下一个警报。

（3）增加紧急医疗服务响应。

（4）坍塌救援分队。

（5）增加重型救援队。

（6）快速干预小组后备队到快速干预小组部门（登高车中队和水罐车中队）。

4. 快速干预小组跟踪图

快速干预小组	部门/消防队	进口处/区域	进入时间	5分钟	10分钟	15分钟	20分钟警告
快速干预小组区域指挥员							
1号快速干预小组							
2号快速干预小组							
3号快速干预小组							
4号快速干预小组							
5号快速干预小组							

（续表）

快速干预小组	部门/消防队	进口处/区域	进入时间	5分钟	10分钟	15分钟	20分钟警告
6号快速干预小组							
快速干预小组区域指挥员							
快速干预小组区域指挥员							

5. 快速干预小组救援区域指挥员

在更大或者更复杂的快速干预小组行动中，增加一名指挥员负责监督救援作业并驻守在指挥部的行为是非常必要的。快速干预小组区域指挥员在火灾现场时也只能在简短的时间内从火场的混乱情况以及通信故障中缓解事故指挥员的情绪。如果受害者没有迅速移动，事故指挥员会感到不知所措。快速干预小组救援区域指挥员将接替指挥部分快速干预行动、快速干预小组以及快速干预小组区域指挥员。这就使事故指挥员有一个更好的机会来复位内部的消防队以保护快速干预小组搜救行动或者从大楼中撤离出来，进行人员的问责报告或者点名。

指挥处新加入的快速干预小组救援区域指挥员也能帮助一位受惊的事故指挥员，安抚他因灾难发出的遇险求救信号引起的不安情绪。

6. 快速干预小组指挥员和利用评估信息

直到快速干预小组指挥员从火灾现场撤离出来之前，他们应十分清楚大楼的情况和建筑的情况。这就需要指挥员定期对大楼的火情进行评估。经验丰富的快速干预小组指挥员除了知道要对火场进行观察以外，还要对什么事情会出错有预感。这些感觉（有时候被称为第六感或是直觉）不容忽视。如图3-3所示，而且，快速干预区域指挥是应与快速干预小组保持密切的联系。众所周知，起火的建筑物就像一只逼真的有呼吸的野兽。如图3-4所示，热量、烟雾的颜色和运动的变化，火灾行为的变化对指挥员来说是一种暗示，即目前的战术是否在起作用，火灾控制是否得到改善。无线电传输（或是缺少无线电传输）、消防员的工作步伐、烟雾的气味、玻璃破碎的声音很快进入到经验丰富的消防员的大脑中,并迅速产生什么要出故障了的直觉。这个指挥员应该马上确定是什么出问题了,并且要采取相应的改善措施。

　　甚至在火灾得到控制以后,快速干预小组指挥员必须意识到许多消防员在清理火场时由于建筑倒塌、工具跌落和心脏病或者许多其他原因而受伤,甚至死亡。虽然快速干预小组指挥员可能在建筑的对面对该区域的情形进行评估,但是,如果有需要他们应该还可以通过无线电联系。快速干预小组指挥员必须总是能够对事故指挥员的要求做出迅速响应。

　　7. 自由行动

　　自由行动最好的定义是"对关于人员位置、火场职责和通信不负责任。"在许多情况下,由

图3-3　快速干预区域指挥员应与快速干预小组保持密切的联系,还应提供资源、支持,并协助做出决策

图3-4　存在许多潜在危险信号的建筑火灾

于在需要快速干预小组前必须要执行任务和实施火场行动,快速干预小组被指控为自由行动。换言之,他们是机动的。正因为如此,就需要一个简单的、实用的而又综合的标准操作程序来阻止快速干预小组成员无意的自由行动或者被冤枉为自由行动。因此,如果所有的成员都能够正确地按照所有的快速干预小组救援程序行动,那么质量培训系统就是一个必需的前提。每个快速干预小组应该制定一本印刷版操作程序手册,其中应包括自由行动和非自由行动的定义。这能帮助清除可能由于个体小组成员的行动而发展成为自由行动的困惑。

例如,当快速干预小组收集工具并进行分类,而快速干预小组指挥员对起火大楼进行火情评估的时候,就会产生这样的困惑。在外行者看来,快速干预小组指挥员单独行动,也就是所说的在建筑周围自由行动。然而,快速干预小组指挥员对建筑的侦察是一道标准的程序。这是对于快速干预小组指挥员评估火情以及向其他小组成员报告情况,告知他们情况的变化或者他们可能需要采取的进一步的准备的唯一方法。同时,快速干预小组指挥员也应与事故指挥员通过无线电保持联系,减少关于他们行动的任何误解。

3.3 消防员和快速干预小组问责

正如财务会计要保持制衡一样,在一个火灾现场的消防人员也必须有制衡现场,处理突发事件的问责意识。简单地说,作为一名消防员,你在火场对于自己位置的确定,正如一名财务对于公司财务状况的了解一样重要。一般的灭火行动中,消防队会分而治之,在某些情况下,努力限制火势向上窜,尽量通风,然后展开搜索。但是,这种划分是不适合快速干预小组的。以下是一些可用于内部问责的建议方法:

1. 快速干预小组指挥员是"第一个进去,最后一个出来"

一个已被证实在快速干预小组人员实行救援中行之有效的责任和管理技术,就是快速干预小组指挥员必须带领整个救援团队进入火灾现场。正如在第一章"现场指挥"中提到的那样,快速干预小组必须要亲眼观察火灾现场并且提供必要的指挥。这其中就必然涵盖了快速干预小组人员的责任和义务。只有救援指挥员明白了自己最基本的责任和义务,消防员也就必须设法跟着指挥员进入火灾现场,并且一直和自己指定的同伴待在一起。

2.快速干预小组人员必须注重团队协作

实际发生的事件,案例研究和模拟演练已经证明了快速干预小组人员在救援模式运行中需要待在一起的重要性。正如前面所阐述的,1个快速干预小组应该最少由4名消防员组成。一名指挥员和3名消防员这样的组合将可以应付难以控制和不稳定的火灾现场,同时要进行灭火、处理坍塌,还要积极进行救援活动。在许多情况下,快速干预救援工作已被证明是不同于一般的搜索和救援,原因有如下几方面:

(1)快速干预小组在最初进入大楼内侦察时,快速干预小组指挥员需要一根搜救绳,使用热成像仪,通过无线电通信,监控楼内的情形和协调搜救行动,所以一个快速干预小组应最少由4名人员组成。

(2)某些救援需要消防员拖拉和抬高受害者、使用绳索、解开缠绕结口、解救受害者、空呼器空气补给等其他类似救援行动。经实践证明,几乎所有的救援活动中,救助一个受害者最少需要4名救援人员,这是因为救援设备需要快速稳定的支撑,还要有人负责拖拉和抬起受害者。

(3)空气消耗是大家最关心的问题,由于每个人的工作负荷、紧张程度、健康

图3-5　快速干预小组携带救援装备、集结完毕

状况、年龄以及内部温度的不同,因而造成每个人的呼吸快慢各不相同。所以快速干预小组人员必须以一个整体团队形式进行协作,这样才有可能减少工作量,而且能够加快救援速度。通过真实的现场模拟训练,我们发现,如果一个快速干预行动不能在第一瓶空气呼吸器气瓶极限时间范围内完成对失踪或者被困消防员的救援,那么该行动就变得异常危险,甚至快速干预小组的人员安全也将受到威胁。

3. 快速干预小组任务和工具分配

对任何消防部门来说,给快速干预小组分配任务和工具是非常主动的过程。如图3-5所示,快速干预小组携带救援装备、集结完毕。考虑到登高车中队上工具的安放位置,快速干预小组至少由4名人员组成,他们的任务和工具分配可参考如下:

位置	分配	工具
位置#1	指挥员	无线电通信系统/手提灯/热成像仪/可选搜索绳袋
位置#2	绳袋	无线电通信系统/手提灯/搜索绳袋
位置#3	空气呼吸器	无线电通信系统/手动工具/手提灯/电锯、个人绳袋/快速干预小组紧急空气呼吸器
位置#4	工具(进入时使用)	无线电通信系统/手动工具/手提灯
位置#5	进入	无线电通信系统/手动工具/手提灯/电动或液压工具

(可用人员情况下的可选择位置)

位置#1:中队指挥员,热成像仪/无线通信系统/哈利根

位置#2:绳袋/150英尺(45.72米)/铁制工具

位置#3:快速干预小组空气呼吸器空气

位置#4:工具

位置#5:工具/电动或液压/无线通信系统

4. 快速干预小组在火势情况恶化下的救援工作

快速干预小组指挥员最重要的能力就是在遭遇火势恶化、人员分散的情况下能够保持小组问责制。快速干预小组作为一支救援运作团队,他们应该是解决问题,而不是失去更多同伴。如果快速干预小组指挥员或者任何中队指挥员不能保证消防员问责制,他们将无法完成其指派的任务。这时候最重要的是,必须放弃救援工作而去寻找失踪的组员,因为快速干预小组如果失去了一个成员

将不能发挥团队协调作用了。

一旦快速干预小组有人发出求救信号,事故指挥员应立即审查所有救援人员在火灾现场的位置。而要做好这些的前提是建立在消防部门实行了人员问责制,并且在每一次的救援中都强行使用的基础之上才得以实现的。这种问责制度应包括跟踪位置和快速干预小组的分配方法。如果第二批救援人员或快速干预小组成员在发出遇险求救信号,救援其他失踪消防员期间时也下落不明,那么就有可能发生一些非常重要的变化,例如:

(1)快速干预小组和/或最先失踪的消防指挥员不得不联系事故指挥员,以沟通定位失踪救援人员的需要。

(2)事故指挥员将不得不分配或重新分配救援人员去寻找失踪的救援人员。如果快速干预小组失去其中任何一名成员,那么从最初求救信号来定位失踪者的救援任务只能被迫停止。

(3)如果第二批失踪的救援人员或者快速干预小组成员不能及时被发现的话,这一事件可能很快会变成一场灾难,因为原来失踪的消防员依然没有找到,而这会像滚雪球一样,使得其他团小组成员变得绝望,从而演变为消防员在不断恶化的火灾现场自己拯救自己的场面。

正如前面提到,消防员"不要说从不,不要说总是",因为在有些情况下,需要快速干预小组人员分别行动。分开行动的快速干预小组人员可能需要收集和运输工具、举高梯子、评估外部救援行动或者对火灾现场内部进行侦察。另外,在一些可能会发生坍塌事故的救援行动中,一些快速干预小组人员则需要从一个有利的位置移动到一个低于受害者高度的位置,这样也会产生快速干预小组队伍的分散。然而,作为一般规则,建议快速干预小组人员不要分开,因为它威胁到救援工作的成功,削弱了问责制,并增加了所有快速干预小组成员的危险程度。

3.4　快速干预无线电通信

在事后评论中,受到批评最多的就是无线电通信。无线电通信大致会由于以下原因而出现问题:

(1)发送错误的调度信息。

(2)无线电通信设备受到静电、传输模糊以及接收故障等硬件问题而出现信号干扰。

图3-6　有对讲机的便携式无线通信设备

（3）消防员滥用无线电通信设备（如不必要的无线对话，通过空气呼吸器面罩大喊大叫，不正确的语言和术语的表达等）。

（4）由于消防员把对讲机放在某处、丢失或者塞进口袋而导致无法听取对讲机讲话。而造成这些情况的原因是，无线电通信设备上没有配备对讲机或者对于携带和操作便携式无线电通信设备没有相关规定。如图3-6所示，消防员正在使用配有对讲机的便携式无线电通信设备。

正确使用无线电设备的重要性应传达给每一位消防员。无线电通信至关重要。很多时候，成功的信息传输可以挽救生命，而失败的传输则有可能造成消防员的死亡。

1. 快速干预小组无线电通信设备的一致性

对于快速干预行动来说，无线电通信设备的一致性非常关键。对于有中队编号的大型消防部门来说，保持无线电通信一致性的建议是：

"快速干预小组1号抢险队"或者"快速干预小组142号登高车中队"或者"快速干预小组98号水罐车中队"。

对于相互帮助的区域或者被市、镇或地区承认的区域："快速干预小组苏黎世湖队"。

这种识别方法已经被证明可以减少混乱，并加强追责制。虽然最初的时候只有一队快速干预小组，但它仍然能通过其中队编号被识别（例如，"快速干预小组1号抢险队"或者"快速干预小组苏黎世湖队"）。如果我们部署一个团队去响应一个遇险求救信号，那么后备快速干预小组就会立即支援。后备快速干预小组有可能是来自集结区的一个队伍，也有可能是刚从火灾现场赶过来的。如果情况需要多个快速干预小组，那么每一个小组都应当被识别成一个"快速干预小组"，事故指挥员或者区域指挥员应该清楚谁被分配在哪个具体的队伍。

2. 备用无线频率

响应遇险求救信号期间,除去被困消防员与事故指挥员之间的通信之外,要求所有的无线电通信必须停止。所有其他的火场无线通信切换到另一个火场频率,这是非常明智的选择。原因如下:

(1)允许原来的频率为遇险消防员开放。

(2)原来的频率用作快速干预小组专门为搜索和救援行动时使用。

(3)新的火灾现场频率用于火场扑救行动。

值得注意的是,如果消防员必须要切换频率,那么他们应该知道第二个频率的名称是什么(例如,2号火场等),此外,无线频率的实际切换动作要设计得尽可能简单,便于消防员穿着防护服时,甚至不必看着无线通信设备就能操作。要在无线电通信设备上完成切换的一个方法就是把第二个频率置于主要频率的另一端。换句话说,如果主无线频率是1号频道,该设备总共有10个频道,那么第二火场的频率就应该是10号频道。这就使得消防员很容易就能完成切换。我们认识到在整个消防服务中还有许多其他无线电通信系统,但无论什么系统,"简单"才是最好的。

3.5　快速干预行动的工具选择

1. 快速干预响应器材

世界上各个地方具有的消防服务的类型不尽相同,包括志愿消防队,兼职消防队、混合编制消防队、职业消防队、军事消防队、企业消防队以及私立消防队。除了员工的形式不一样外,由消防部门提供的服务水平也千差万别。这些服务是针对他们所保护的管辖区域的社会、地理、结构和物理特征而言的。

(1)在那些有工厂、高层建筑、贫民区、地铁和公寓的大城市里,这里明显配备了职业员工和许多先进仪器及设备。许多城市的消防队还有水罐车中队和登高车中队。

(2)通常来说,农村消防区基本没有消防工作负荷,也没有财政支持,因此,也没有专业人员和最新设备提供消防服务。这里只有无私奉献的志愿者或是兼职志愿者利用极少的装备和最少的人员进行灭火扑救行动。如果不出现什么大问题,消防员都不会过来。许多农村消防队甚至都没有消防栓,而且响应时间与距离都比较长。

（3）企业和机场消防作业需要专门的训练和装备才能应对化学物质、航空煤油、爆炸品等其他特殊火灾和事故处置。

（4）山区则需要有机械、装备和训练才能够把水运输到那些难以到达的区域，包括到达陡坡和穿过雪域。

考虑到这么多不同的消防服务，我们可以推荐一些快速干预小组响应时所使用的装备。

（1）云梯消防车。如图 3-7 所示，云梯消防车品类繁多，而直梁式云梯消防车、举高平台消防车、登高消防车、Snorkel® 高空作业平台及其他云梯消防车是最理想的登高车，原因如下：

图 3-7 云梯消防车

（a）云梯消防车一般会携带许多快速干预小组行动需要的工具（如手动工具、重型救援液压工具、Stokes 救生篮、救援绳索设备、垛式支架工具以及电锯等）。

（b）云梯消防车一般会配备有专业人员，他们能使用相应设备，进行搜索和救援行动。

（c）云梯消防车有许多所需的救援梯和登高设备。

（2）重型援救消防车。与云梯消防车相比，重型援救消防车一般具有更加专业化的设备（例如，手电和气动升降袋，但是缺少落地梯和登高装置），如图 3-8 所示。

（3）水罐/救援组合式消防车。与云梯消防车和重型救援消防车相比，组合式

图3-8　用于灭火、解困、绳索救援、密闭空间救援、沟渠救援、危险品救援与坍塌救援的重型救援消防车

消防车没有落地梯、登高装置和特殊用途的工具。在大多数情况下,这种组合式消防车可以给快速干预小组补充提供所有基本的工具,并具有铺设消防水带的优势。

（4）水罐消防车。许多消防部门通常使用水罐消防车,因为它们随时可用。然而必须指出的是,对于快速干预小组来说,由于缺乏破拆救援工具,救援梯数量不够,这种消防车使用起来并不像云梯消防车和重型救援消防车那样有效率。此外,事故指挥员使用水罐消防车是为了提供一条灭火水带线路,而不是让水罐车中队承担快速干预小组的责任。

（5）救护车。因为受人数和可携带工具的限制,救护车作为快速干预小组的响应车辆是一种限制性的选择。另一问题是在救护现场急救人员通常履行的是给民众和消防员提供紧急医疗服务,这也许不属于快速干预小组的职责。有些消防部门把救护人员加入快速干预小组,但是我们不推荐把救护车单独作为快速干预小组。

据了解,在人员和设备方面,每个消防部门、防火区和消防队都有不同的限制,因此,云梯消防车和重型救援消防车也并不总是可以得到。同时,尽管消防服务不尽相同,但是对于在一座燃烧的建筑里救援一名消防员的要求是类似的。我们必须尽力采取最有效的办法以提供准确的设备和人员,即使这意味着得向其他人寻求帮助。

2. 快速干预工具

快速干预小组使用的设备数量应该取决于:

（1）事故的大小。

（2）事故的类型和复杂性。

（3）在任何特定的时间内事故的风险等级。

使用适当的快速干预设备关键在于把评估信息和快速干预小组人员的消防操作经验结合在一起。首先，快速干预小组工具的收集一般符合所涉及的建筑物结构的类型。一栋未受保护的木质框架建筑需要斧子、链锯、木材切割圆锯和挠钩。一座高层办公楼需要更长的搜索绳、长柄大锤、液压工具和应急空气呼吸器的空气补给。

每种最常见的建筑物都有具体的清单，上面列有侦察任务、主要搜索工作以及由4人组成的快速干预小组的快速救援行动时所需的装备列表。

3. 快速干预小组工具补充

如果火灾现场条件不断恶化，快速干预小组指挥员应该决定所需的其他救援工具。以下工具在火灾现场经常使用。

（1）水带。快速干预小组指挥员和区域指挥员可以获得水带和额外人员，帮助其从其他水罐车中队转移出来，覆盖到一幢可能需要部署的建筑内部。因为即便是4人组成的快速干预小组也不能够轻易铺设和移动水带，因此需要额外的人员。如果人数较少，快速干预小组指挥员也许不得不提前计划从哪里开始铺设水带，如果有需要又是谁来帮忙呢？如果其他水罐车中队来支援，那么某一特定的水罐车中队就会分配到快速干预小组。

（2）其他搜索绳。在一幢大型建筑物里，如仓库、学校或者高层建筑，必须考虑到大范围搜索行动。随着火情的加重，消防员逐渐深入建筑物内部，而能够使用的空呼器里的空气却越来越少。这时就是快速干预小组指挥员需要提前计划和搜集其他救援工具（例如，更多的救援绳索）的时候。最先进入建筑物内部的快速干预小组需要绳索，其他快速干预小组也努力使用其搜集的装备从其他门口进入。一些消防队已经建立了一个大型的绳索包，该包装有一个主要搜索绳袋，长约150～200英尺（30.48～60.96米）和4～6只装有大范围搜索绳、每根约长50英尺（约15.24米）的搜索包。这个大型的绳索包应能够迅速传递到搜索入口处并加以利用。

（3）液压工具。如图3-9和3-10所示，有许多新的便携式液压扩张器、切割器和升降工具，它们质量轻、可移动且价格不贵。条件允许的话，这些工具都可用于快速干预小组。通常情况下，快速干预小组指挥员可在现场其他消防车上

图3-9 液压扩张器和不同大尺寸与力量的切割工具

图3-10 用氧用电棒杆切割锯

找到这些大型液压工具。

（4）专业工具。根据事故类型，预先计划专业工具，如手电、垛式支架工具、坍塌设备和技术救援系统至关重要。例如，涉及有脚手架、梯子、狭小通道和机械装置的事故，快速干预小组指挥员应预先计划这些专业工具、设备和人员的位置。

4.快速干预小组工具的运输

由于是先头的消防队到达之后，快速干预小组才开始响应，因此，快速干预小组的救援车就只能停在角落或街边。一旦快速干预小组指挥员被分配到集结区，这些工具可以通过以下3种方法进行运输。

（1）随身携带。

（2）消防梯托架。

（3）救生篮。

（a）随身携带。消防员把工具带到集结区。这个方式的缺点是第一批到达现场所携带的工具有限。每一个消防员能够以最安全的方式携带最多的工具是很重要的。在许多常规行动中，消防员只携带一件工具进入到建筑内。但他们至少应该携带两个能够互补的工具（比如，斧头和消防挠钩、哈利根铁链、消防钩等）。许多地方，人员配备是非常重要的，甚至比消防员携带正确的工具以及正确数量的工具去完成任务更加重要。快速干预小组行动也不例外。

（b）消防梯托架。如图3-11所示，24英尺（7.62米）或者是35英尺（10.67米）的伸缩梯可用作托架把工具运到集结区。许多需要的工具可以放置到梯子上去。这个方法的优势是更多的工具可以运输到集结区，这样快速干预小

图3-11 消防梯托架

图3-12 救生篮

图3-13 救援篮装有集结区快速干预小组工具

组就多了根消防梯作为他们的救援工具。这种运输方式的困难在于要保证这些工具很好地放置在梯子上,不至于在移动的时候从梯子上掉下来。通过一些培训和试验,像消防钩、电锯和袋装搜索绳这样的工具是可以牢牢地系在梯子上面的。总的说来,长柄大锤、斧头和其他一些精选手持工具仍旧不得不随身携带。

(c)救生篮。如图3-12和图3-13所示,使用救生篮的好处就是,所有最先的快速干预小组工具可以放置在篮子里运输到集结区。经验表明,这是最受欢迎的运输工具的方式之一。这个方式的其他优势是工具被搬起来时不会掉落下来,而且能够迅速地搬动全套工具。当快速干预小组有4名消防员时,两名消防员可以搬救生篮,其他两名消防员就可以把消防梯带到集结区去了。

5. 快速干预小组工具收拢

搜集来的快速干预小组工具应当来自快速干预小组救援车而不是从其他消

防车上搜集而来。如果这些工具从其他车上任意取来，就会出现库存问题、熟悉问题、拥有问题。最重要的是你能想象这样的情形，一位消防员在他们的设备中寻找一个特殊的工具，然后发现它失踪了或者掉在了快速干预小组集结区的场地上。

前面我们就提到过，救生篮是最受欢迎的运输快速干预小组工具的方式之一，也是最受欢迎的搜集救援工具方式之一。使用救生篮进行搜集工具的优势在于：

（1）工具可以打包放在一起，不必由现场消防员携带。就减少了这样的情况发生，即在建筑内努力扑火救人而忘记了斧头的消防员，走到外面看到快速干预小组斧头在地面上，然后去取的情况。

（2）工具可以整齐有规律地放在救生篮中。举个例子，扁平头消防斧可以与哈利根铁链配对，搜索绳袋子可以组合放在一起，液压开门器可以与应急空气补给设备搭配在一起。

（3）对于快速干预小组受害者救援来说，救生篮本身也是一种宝贵的救援设备。

（4）使用救生篮时，快速干预小组全套工具也随之保持移动。对于快速干预小组来说，一旦被部署到其他区域，例如，建筑的另一区域、地铁隧道、大范围搜索建筑的另一边或者是高层建筑地面以上区域，使用救生篮会变得极其重要。

正如我们先前提到的，加入到快速干预小组集结区的其他工具的类型由火情的复杂性和严重性决定。收集其他额外的工具可能不是最初快速干预小组的任务，但却是分配到救援现场的其他快速干预小组的任务。即使最初的快速干预小组在目睹了一场明显的坍塌之后被启动，他们在使用重型液压工具和支撑工具等等之前不得不用基本救援工具侦查救援现场。

快速干预小组需要工具移动的原因是可用救生篮铺开一张防水帆布并把工具放在上面。虽然使用防水帆布的一个优势是它可以使用彩色编码或者打上钢印，以识别快速干预小组。这种相同的过程可以运用到Stokes救援篮，可以在篮子上或者搜索绳袋上打上钢印，如图3-14所示。

图3-14 救援装备上贴上快速干预小组装备，可供集结区现场识别

第四章　消防员逃生规则

消防员逃生可分为自我逃生，搭档逃生以及团队逃生3个类型。无论是进行自我救助、救援搭档还是作为一个团队脱离险境，逃生都必须遵循以下5项基本规则：

规则1：知道呼救的时间和方式。

规则2：永不放弃。

规则3：摆脱思维定式。

规则4：最好不要分享空气呼吸器空气。

规则5：尽可能控制火势。

关于这5项规则的讨论如下：

4.1　规则1：知道呼救的时间和方式

消防员一旦感觉到可能有个人危险时，就必须立即求救。这是在1999年12月3日伍斯特冷藏室大火之后，伍斯特地区消防队长麦克纳米（McNamee）分享的经验。

如图4-1所示，作为消防员，麦克纳米队长说我们被训练成为在别人处于危难之中时能够提供帮助的人。无论是应对大火、倒塌、洪水、冰上救援、疾病或是外伤，我们的想法常常是，"我们怎么帮助别人呢？"这种训练和心态，使得消防员和许多其他救援人员在自己遇到危险的时候因不能及时求救而处于危险之中。需要获得帮助的

图4-1　伍斯特地区消防队长麦克·麦克纳米（Michael McNamee）

情形小到需要搭档剪断缠绕在自己身上的电线,大到呼吸器故障而导致消防员无法呼吸,需要快速干预小组进行救助。

为保障消防人员能立即求救,消防部门可以考虑使用以下多种通信方式。

(1)紧急或应急无线传输。需要采用该通信方式的场合要求能够实现无线电静默,同时还要求事故附近区域的消防员掌握该通信方式。注意属于这一类的下列几种情况。

(a)非严重性空呼器细微空气泄漏。

(b)轻微被围堵。

(c)消防员撤离建筑物时空呼器出现低气量警报。

(d)调查已被激活的消防员个人呼救器。

(e)调查下落不明的消防员。

(2)求救信号无线电传播。需要采用该通信方式的场合要求能够实现无线电静默,同时还要求事故附近区域的消防员进行协助。另外需要启动快速干预小组。

(a)迷路消防员遇到呼吸器出现低氧警报。

(b)严重被围堵。

(c)呼吸器的空气全部泄漏。

(d)消防员由于房间构造复杂,面积太大或者倒塌导致出口封闭而迷路。

(e)消防员被困。

(3)在这些需要求救的情形下,口头的紧急呼救方式有:

(a)如有无线电设备,呼喊"救命!救命!……4号消防车!"

(b)如有无线电设备,按下紧急按钮(如果有的话)。

(c)从可能在附近的搭档或其他消防中队处呼救。

(d)为让救援者看见,使用手电筒作为信号。

(e)击打地板、墙壁、柱子,或其他可以通过建筑物传播噪音的物体。

(f)打破窗户制造噪音或者可能吸引外面消防员的注意。(注意:打破窗户可能会使火势更凶,并使得营救更困难。首先关门以封闭房间,如果可能的话,在破窗之前检查一下墙壁和房顶上的火势。)当浓烟出现时,街上的消防员将很难发现问题,所以请用手电筒照到窗外作为求救信号,或者把一块家具或其他物体扔出窗外以吸引注意力。

(g)启动消防员个人呼救器。尽管对于所有进入火灾现场的消防员来说,携带呼救器应该是强制性的,但实际上由被困消防员来启动该警报的情况并不多。当掺杂着呼救器启动后的尖叫声时,救援人员与被困消防员在和受害者交流将变得非常困难。如果在搜救过程中,救援者和被困消防员之间能够通过无线电交流,面对面沟通或其他沟通方式(例如,有节奏地或重复地敲击地板、管道或墙壁)成功交流,那么应当延迟启动呼救器。如果其他沟通方式已被证明无效,那么应该立即启动呼救器,以帮助救援行动。

1. 遇险求救信号的神圣性

对于消防员来说,求救信号的神圣性需要消防员在突发事件中限制所有其他信息的优先传递地位。我们也必须认识到,在紧急情况下,任何人都可以使用求救信号呼救。一旦求救信号得到回应,就不要再重复呼救,除非是由于没有听到第一次回应,或者是发生了另外一个消防员被困事故。如果那时你需要通过无线电请求优先获救,呼叫"应急情况!"或"紧急情况!"。如果最初的求救信号已经发出,随后消防员或快速干预小组再次呼救,就会导致混乱。最重要的是,在确定受害者的位置前不要使用求救信号,除非发现其他问题,例如,意外发现多名受害者。

2. 如何知道呼救时间

由于消防员已被训练得能够在最恶劣的高温、浓烟环境下生存,他们对个人防护装备的依赖程度也很高。行进得太远,甚至进入了温度可达到轰燃状态的"不归"境地,或者走得太深,呼吸器中氧气被耗尽,都会导致消防员伤亡。因此,对个人防护装备的依赖给消防员一种错误的安全感,有时会耽误了呼救时间。

许多研究人员已经开始搜集显示时间/温度曲线的数据、消防战斗服热防护性能以及人体忍痛程度等与在建筑物火灾中感受到的热度有关的数据。许多研究都是在消防员耳朵未做防护并能接触到高温和大火的情况下进行的。关于耳朵能否及时感受到温度,能否警告消防员是时候撤退的问题已经争论了很多年。无论争论的内容是什么,使用的装备和呼吸器是何种类型,而事实就是,我们必须了解火势、建筑构造和我们的个人防护装备的使用限度。为防止在火灾中"走得太远"或无法及时呼救,我们最好能做的就是以下工作:

(1)火灾行为训练。知道伴随烟雾行为的轰燃迹象。在消防员的职业生涯中,了解火势的训练一直持续着。通过观察烟雾状态变化可以判断之后火势大小的能力能够挽救一个消防员的生命,能够把具有高温的黑色"巨大推力"与只有些许温度的灰色"缓慢推力"区别开来,以此来确定救火与搜索所进行的程度。进行建筑物内攻时，了解天花板高度、任何特定地点的热度与温度数值至关重要。消防员只有通过使用水、通风换气或者在进一步搜索前撤退之后才会感受到早期产生的根本性变化。

（2）建筑构造训练。将建筑构造知识和火灾行为训练结合在一起也很重要。对于一个未受保护的、带有小房间的木质球形结构房屋来说，任何温度上升的变化都预示着迫在眉睫的危险。然而，在一幢带有天窗、熔断式屋顶通风口以及大型开放区域的阻燃工业建筑物内，随着温度的升高，后果并不像前面描述的那样危险。但这并不表明，我们就可以不重视不燃建筑内火灾发生变化的情况，事实上，我们非但要重视，而且反应要比木质球形结构房屋遭遇火灾侵袭时更加有预见性。

（3）个人防护装备教育。消防员需要熟悉热防护性能水平、总热损耗水平以及消防战斗服的构造。除了总体上要熟悉消防战斗服的热防护和密封性能，消防员还必须意识到，尽管穿着相同的防护服，不同个体对于不同程度的热度水平的耐受力和反应是不同的。因此，消防员必须通过穿着实战所用的消防服体验火灾，来了解穿着特定消防服时的反应。他们可以通过在火灾模拟训练中穿着消防服，来获取该方面知识。新消防员只在测试装备或模拟装备中训练以避免破坏一线装备，这种行为值得商榷，因为训练装置与实际装置在很多方面可能差距巨大。如此一来，消防员无法意识到自身的局限性。除了这种训练，消防员需要熟悉呼吸器的常规和应急操作，特别是呼救器的启动和停止操作。

（4）经验。不幸的是，经验无法即刻获得，但是可以从资深消防员传授过来。部门中较为有经验的成员要传授经验给年轻消防员，以防他们不知所措。通常情况下，年轻且缺乏经验的消防员在训练中学习独立火灾行为场景，但由于缺乏临场经验，无法在实际火灾场景中把各种情况结合在一起处理。

例如，想象一户居民房屋着火了，消防员接到命令对该房间进行初步检查。在进入房间之前，消防员会看到极具强大推力的黑色浓烟。对房屋周围的检查显示，该房屋几乎没有通向外部的窗户，随着消防员将水带穿过入口，他们能够感觉到巨大的热量把他们从门里向外推。在这种情况下，有经验的消防员会认识到，尽管他们的消防服和空气呼吸器此刻能够保护他们，这种危急的状况需要迅速通风，并用水枪喷水降低火的温度。他们还会意识到，在发生轰燃之前必须迅速从入口撤离，因为轰燃会使消防搜救队陷入困境。

（5）感受工作情况。配备全封闭式个人防护装备，要确定火灾条件是否变化是非常困难的,如果情况有变,那么它变化的多快呢?通常建议的做法是,慢慢举起手臂来感觉周围的环境。需要承认的是,根据一些已经建立安全、培训或者设备标准的权威机构的观点,这种做法是不可接受的。然而,在进入建筑或者火灾区域实施搜救行动时,为了能够感觉到渐进的热变化,最好采取小小的冒险。没有意识到渐进的热变化,在发生轰燃的情况时就会陷入一种"不归"的境地。下面是一个案例研究,说明火灾情况变化有多快,导致一名消防员死亡。

1995年1月28日,一名消防员在拯救庄园中一位失踪住户时失去了生命[6]。这幢建筑是世纪之交的三层无保护的木制轻捷骨架结构楼宇。这幢大楼曾经被进行过无数次扩建以及改动。发生火灾时,这幢大楼有四个不同的部分——原始的房子、扩建的后方的房子(起火的位置)以及在大楼后方分开的两幢扩建屋。这个大楼有斜尖屋顶、天窗、支撑墙、天花板和栋梁之间的空间以及许多其他易于火灾传播的隐蔽空间。

火灾起于二楼浴室,由照明灯具点燃而引发。火势不断蔓延,这个气球建筑使得大火向二楼屋顶水平传播。一旦火灾到达外墙,就会垂直向支撑墙、天花板和阁楼的空间蔓延。

当第一辆消防车,即4号水罐车到达时,他们报告烟雾是从建筑的后方过来的,并要求发布增援警报、撤离居民,同时被告知还有一名居民下落不明,可能被困在第三层。两名消防副中队长和七名消防员最先的响应是执行搜救行动。4号消防车从后面的消防通道进入大楼搜索失踪的居民。3号消防车的成员(受害人所在中队)进入到了大楼,并且使用室内楼梯爬到了三楼进行搜索行动。最初,烟雾情况报告认为情况并不严重。房屋被强行破拆的同时,另一名消防员将预先连接的消防水带铺设到楼梯上方。调查员认为,此时大火已经延伸到阁楼的支撑墙、阁楼顶部、墙壁以及天花板。然后(到达之后的大约4~5分钟),大火就在封闭的空间爆发,浓烟和热气进入到了楼层。三楼的四扇前窗的外部通风处导致了密闭空间着起了大火。正在这时,三楼的轰燃使得消防员不得不进行疏散撤离,除了那些被困在一间公寓的受害消防员。一名目击者声称他看见一名没有穿戴空气呼吸器面罩的消防员在窗边求救。最终这个受害者被发现时已经牺牲,他身穿个人防护装备,没有佩戴空气呼吸器面罩,没有打开呼救器。

3. 阻碍求救的因素

引起和最终导致快速干预小组成员死亡有以下一些常见因素。

(1)不健全的火场问责制。由于没有意识到消防员失踪,导致严重推迟求救行为。(美国)国家职业安全与卫生研究院中的许多死亡调查报告显示,发生火灾导致人员死亡的一个最主要原因是缺乏消防员问责制。基层消防官员的责任是清楚事故发生地点及其成员所要执行的任务,事故指挥员的责任则是清楚指派消防中队的位置。事故指挥员需要制定一个事故管理机制,以便他们追踪所有在事故现场的消防队的位置和任务。

(2)没有佩戴或者启动"独立"的呼救器。伤亡事故调查一次又一次地显示,在许多情况下,受害者没有打开呼救器。消防员进入建筑执行灭火行动时,呼救器必须打开。为了确保消防员进入燃烧的大楼时呼救器启动并发挥作用,NFPA 1982(1998)增加以下要求来解决这个问题[7]。(注意:启动(activation)这一术语也被用于紧急情况下报警系统的实际使用。)

必须意识到,不是所有消防部门都有足够资金将装备更新换代,即使是安全设备也不可能,因为每一次修订一个标准都会产生变化。因此,许多消防部门继续运作那些在进入大楼之前需要用户手动启动密码的设备。只有接受重复不断的培训、严格按照操作程序执行启动个人安全报警设备才能确保消防员在进入大楼之前确实启用该设备。

1998年11月6日,两名志愿消防员(来自不同的消防队)因试图进入汽车回收仓库而壮烈牺牲。如图4-2所示。当时共有3个部门到达现场。为了清楚起见,我们把他们分为1号消防队、2号消防队和3号消防队。到达现场时,他们发现一幢金属屋顶的房子有轻微的烟雾。1号消防队指挥员被任命为事故指挥员,并讨论了火灾的可能起因。然后,事故指挥员命令一名消防员打开建筑北边的两扇滚动式车库门的其中一扇进行通风。他走到建筑的东北角落,命令房东用叉车拆掉金属外墙板。一旦通风完毕,2号消防队3名成员(指挥员、副指挥员以及消防员)以及3号消防队3名成员(队长、副队长以及消防员)在有轻微烟雾的建筑前门处铺设2根口径为1.75英寸(4.44厘米)的消防水带。当消防员进入到建筑后方确定火灾起因时,浓重的黑烟集中在了天花板的下端,小火焰陆续窜到天花板的天窗上。进入建筑大约80英尺(24.38米)的时候,消防员发现了火灾的所在地,开始用水扑火。当进行灭火作业时,因为空气呼吸器空气警报发出报警,所以消防员把任务转移到其他消防员身上。大约进行了11分钟的灭火扑救,事故指挥员命令队员们退出来,讨论进一步的策略。当队员们撤退时,一阵巨热、黑烟覆盖了这个区域,消防员不得不暂时躲到楼层上。2号消防队指挥员(1号受害者)和副指挥员被水带击中,当他们使用无线电通信设备呼救并寻找

图4-2 （美国）国家职业安全与卫生研究院案例研究报告显示,燃烧的汽车回收仓库救援难度在于不断恶化的火灾条件以及复杂的建筑内部结构和大范围搜救区域

出口时,空气呼吸器发出低气量警报。他们两个向不同的方向行进,最终副指挥员的空气耗尽而瘫倒在地。我们很快在燃烧的建筑物内发现了他,并及时进行了救助。此时,3号消防队的副中队长（2号受害者）又进入到了建筑内搜索指挥员。在搜索期间,副中队长也耗尽了空气,他辨不出方向,根本没有判断力,一直没有找到出口。他被发现时,戴着呼救器,却没有启动该系统。而该指挥员进入建筑时并未佩戴个人呼救器。其他营救方式也尝试过了,但救援行动并不成功。最后在建筑物内找到了他的尸体[8]。

（3）错误的培训。延误求救将导致宝贵时间的浪费以及空气呼吸器空气的消耗。迷路的消防员通常依靠平日训练经验试图寻回搜索路径,他们会扶着一堵墙,找到窗口,甚至是利用"共呼吸法"进行呼吸来找到折返的路线。他们认为无须借助外界帮助,一定会找到出路的。即使通过这些方式也起不到作用时,消防员也不会发出求救信号,因为他们相信一定会安全的。不幸的是,那些平时的训练演习从不包括如何拨打一个紧急电话来寻求帮助。单靠消防员自身或者兄弟帮助的训练方式现在必须要改变了。

消防员在实习期接受培训的时候,培训官员必须教育和指导每一位消防员在处于困难时如何分辨、何时求救、如何呼救。消防员的培训集中在解开缠绕、救援、共享呼吸器空气的方法以及其他应急技术,但并不总是包括明确和强制性的呼救,因为消防员在如何呼救方面没有得到培训,因此,在实际遇险情况下,消防员不能进行正常活动。当进行呼救训练时,我们也必须向资深消防员强调先进的空气呼吸器培训和消防员救援计划。(培训的另一个直接需求是通过减少空气呼吸器的体积、移除空气呼吸器并且能够掌握解开缠绕技巧以完善从密闭空间逃脱的技能。)

(4)缺乏经验。糟糕的是,消防员缺乏经验,他们甚至都不知道何时处于麻烦之中,或者何时应该呼救。举个例子,两名几乎临近死亡的消防员关闭了旧磨坊工厂地下室的水喷淋阀。在大火扑灭以后,开始清理火场时,他们根据命令进入与大多数工厂一样的地下室,里面堆满了盒子、托盘以及松动线路,而现状是刻度上还剩下6英寸(15.24厘米)高的水了。然而,他们的空气呼吸器气瓶中的空气只剩下一半了。当他们继续前进时,浓烟、湿烟条件让消防员看到的只是手持电筒的光线。就在这时,第一个空气呼吸器低空气警报被启动。这时候,他们已经进入到地下室50英尺(15.24米)的地方。很快第二个空气呼吸器警报也被激活了,第一个气瓶里的空气已经耗尽。直到那时,他们才发出了一个绝望的无线电呼救。幸运的是,救援者及时赶到抢救了消防员。而且已经有类似的情况发生,这并非是个案。

(5)否定。第一章讨论过的关于救援其他消防员的同种类型的否定心理可以在自救的情况下看到。在努力解决问题、消耗空气以及与恐惧和困惑作斗争时,人就会有一种拒绝现实情况发生的感觉:"这不会发生在我身上",然而,通常,就是在这样的过程中浪费了宝贵的时间。

(6)自尊心。消防的影响力就是作为一个消防部门、消防队而言,我们对自己所做的事情感到骄傲。作为个体,如果我们犯了任何类型的错误,那么我们就会产生一种来自消防同僚惩罚的恐惧感。我们要不惜一切代价维持和保护我们的自尊,不要为所谓的来自同僚永无休止的批评去争辩。因此,呼救的想法被认为是我们同僚批评我们的论据。不幸的是,在这种情况下,太骄傲、太偏执或者害怕批评将会付出生命的代价。这正是需要通过培训来加强本领、培养习惯以及减少同行批评的恐惧感的原因。

(7)不良的无线电使用。正如前面所讨论的,无线电通信设备经常在火场中无法正常工作，在紧急情况或是求救的时候更是如此。求救信号未听清或者被误解，会造成救援延误，也会造成救援工作不在指定建筑内进行。在常规行动中，消防员正确使用无线电通信至关重要。由于没有及时按发送按钮或者发送太早，通常会碰到不完整的通信信息。试图通过呼吸器传送信息是另一种技巧，这需要有关如何使用传声膜片的训练或者是慢条斯理、镇定自如地说。此时任何无线电所传播的信息都应当简洁切题。有些部门选择使用数字代码，而有些则喜欢用简单的英语在无线电上交流。这两种方法都有优势，但是如果消防员选择用广泛的跟踪细节、断断续续的通话或者是无数重复的信息来隐藏最初的传输时，这两种情况都将无效。一名中队指挥员如何对其他消防员负责，其中一个例子如下：

"1队到1A队，准备好了吗？"或者
"进度报告？"或者
"PAR（人员责任报告）？"
回复：
"1A队准备完毕，A部门。二楼搜索。"

那个简单的"准备完毕"是参照消防员的问责和条件的。通过使用数字代码，中队指挥员对其他成员负责的方式可能是：

"1队到1A队，10-10？"或者
"1A队，A部门，二楼搜索。"

这两种方法均不仅能保证所有消防员就位，还能确保他们各人的位置与任务被明确传达。

4.2 规则2：永不言弃

在消防员逃生的情况下，"永不言弃！"意味着你需要通过训练，不断尝试各种逃生方式。每一名消防员都需要认识到只要他们还能前进，就永远都不应放弃逃生的重要性。消防员逃生训练是一项必须能够提供各种不同生存方法的训练。如破坏墙壁以逃生、解开缠绕的电线或者当逃生处被坍塌和大火阻截时，用一根绳子从楼上悬垂下来逃生。如果条件允许,受过培训的消防员可能会尝试不同的逃生方式,或者至少直到被救援时还幸存着。

意志力是消防员生存很强大的一部分。消防员要保持镇定、使用已学的生存技能以及"永不言弃!"需要很强的意志力。有些情况下,如果消防员被电线缠住或者被困在充满烟雾的房屋内,他们会放弃生存的希望。如果消防员经过充分的训练并保持镇定,那么他们在这两种情况下都可以逃生。只要消防员参考一下培训过的生存技能,就不会感到恐慌甚至放弃,而是拥有巨大的动力生存下去。

1994年4月11日,大约凌晨2:20时,两名消防员在一幢高层公寓大楼的9楼壮烈牺牲。为强调对于逃生技巧与工具的需求,我们将关注两名受害消防员中的一位。由于2号受害者的空气呼吸器有问题,消防指挥员(1号受害者)把其中的一名消防员安排在了一个安全的地方(或者是房间内,或者是封闭的楼梯间)。当该指挥员返回到走廊向火灾方向走去,寻找另外一名消防员时,火灾情况迅速发生变化,致其死亡。即使2号受害者曾4次试图通过无线电通信设备联系这名指挥员,但都无法联系到他,因此无法得知其已遭不幸。2号受害者又进入了走廊,被有线电视电线缠绕,从天花板附近的墙上跌落了下来。(火灾的热度熔化了塑料装箱,掉下来并向下悬挂在走廊上。)当2号受害者被困时,其距离可供逃生的楼梯出口仅有9英尺(2.74米)远。发现2号受害者时,他面朝下,空气呼吸器、上身和腿均被电缆电线缠绕。虽然空气呼吸器空气瓶阀门只有部分开着,但是调节器是打开的,气瓶中的空气也是空空如也。即使空气呼吸器没有通过认证标准,也并非是这个原因导致了消防员的死亡[9]。那么是什么导致了他的死亡?有人推测由于消防员面朝下,他的面罩也由于被缠绕还在原处,他自己就总结出他可能逃不出来了。

假设2号受害者以何种方式放弃并不是我们的目的,我们要从这样的情况中吸取教训。在被困的场景下,由于先前培训时在这种情况下必须要利用本能解开缠绕,而且要保持冷静并求救。这两个因素将会增加你存活的机会,加强"永不言弃"这一事实。另外,以前的自我生存场景的训练都会在实际事故中提高你生存下来的可能性。

4.3　规则3:创造性思维

从某种意义上说,打破陈规去思考就是摆脱常规束缚进行思考,但是消防员逃生是一种对生存创造和创新的思想过程。当试图从一个房间或者建筑中逃生的时候,出奇致意的想法需要一些非常规的动作,但它们可能会拯救你的生命。如图4-3所示,1973年,芝加哥的论坛餐厅火灾导致了弓弦桁架屋顶的坍塌,3名消防员死亡。除了这些死亡事故以外,许多消防员由于屋顶坍塌被困在二楼夹层中间。因为餐厅桌椅可以提供一些由坍塌的屋顶支撑起的空间,一些被困消防员能够慢慢地爬行。虽然不能够到达楼梯,但是其中一名消防员最后还是爬到了墙壁上,并开始搜索可以打开的门或窗。他这样做了,而且找到了食梯井,这是用来在一层厨房与夹层之间运输食物和菜的。这个食梯井又小而且空间又有限,但从其底部可涌进新鲜空气和光线。当燃烧的楼层上面坍塌时,5名消防员脱掉了消防服上衣,一次一个地从上往下滑,脚先着地。这是许多情况下寻求逃生方法中的一个例子。

图4-3 芝加哥论坛餐厅屋顶坍塌前

4.4 规则4:建议不要共享空气呼吸器空气

在第一章中提到,"不要说从不,不要说总是,"但是通常来说,除非受害者被缠住而不能动弹,或者被困导致共享空气呼吸器是唯一的选择,才会建议与受害者共享空气呼吸器空气。如果消防员能够自由移动、行走、爬行或者可以拖动他的时候,建议不要分享你的空气呼吸器空气。共享空气呼吸器空气的想法必须认真对待。因为产生空气呼吸器故障或者是损失剩余的空气并不意味着我们要共享空气。想象一下,在一间房子的二楼起了浓烟大火,而你和同伴正好到达二楼的走廊并走向后面的卧室。当沿着大厅爬了大约10英尺(3.05米)的时候,同伴的空气呼吸器失灵了(无论什么原因),这暗示着他正处于麻烦之中。移去头盔和防护罩,拿下空气呼吸器面罩,与同伴一起分享空气呼吸器空气,或者把同伴又拽又拖地沿着楼梯到达安全的地方,哪一个更好呢? 毫无疑问,把你的同伴沿楼梯拽到安全的地方对于你们两个来说是最快、最安全的方式。多数情况下是把受害者移到安全区域的门窗和楼梯的。受害者可能会吸入一些烟雾,并在拖动过程中擦了一些瘀伤,这是必然的,但是救援者保证在没有与别人分享空气呼吸器空气的情况下,这样的救援是很成功的。至于一位处于恐惧或者拥有少量空气或者没有空气的失踪消防员,如果你要尝试和他共享空气呼吸器空气,那么你别指望取回空气呼吸器面罩。结果是,如果由于以下原因你与别人共享空气呼吸器空气,情况只会不断恶化:

(1)共享空气呼吸器空气最常见也最迅速的方法是把空气呼吸器面罩给你的同伴。虽然这是事实,但是这样做不仅在来来回回的过程中流失了宝贵的空气呼吸器空气,而且无法保证你还能拿回面罩。个人经验表明当消防员面临危险甚至到最后一口气的时候,自我保护可能会占据一切,这样他就不会归还面罩,有可能从你的脸上扯下。现在你从一个救援者沦落到受害者了。

(2)还有其他共享空气呼吸器空气的方法,如把救援者的空气呼吸器空气平分给受害者。这也会花费一定的时间。平分空气呼吸器空气所花费的时间恰恰和把受害者带到安全地方所需时间差不多。当平分空气呼吸器气瓶,救援者把剩下50%的空气呼吸器气瓶中的空气给了受害者。在搜索之后,原来救援者拥有的剩余10分钟的空气呼吸器空气,现在只剩下了5分钟。那是不可能足够用来逃生的。

(3)其他空呼器系统都是专为采用经过美国消防协会认证的"共呼吸法"空呼器共用行为而设计。救援者必须确定是否值得花时间和冒险,或者考虑把受害者救出大楼是不是更加有利。如何使用"共呼吸法"系统,何时使用该系统的两方面的培训至关重要。

会有这样的情况发生,双方都可以活动,在需要救援者以及在一幢烟雾缭绕的大型建筑物中寻找出路时就不得不共享空气呼吸器空气。同样的,也会有这样的情况发生,当一名消防员被缠绕住、固定住或者被困住,你必须共享你的空气呼吸器空气,帮助受害者撤离到安全区域。这最后的两个场景的发生只能用一个谚语"每条规则都有例外"来说明了。因此,培训、经验和常识是判断一个场景是否允许共享空气呼吸器空气最好的"裁定规则"。

4.5 规则5:如果可能,控制火情

无论是消防员自我生存还是快速干预救援,如果可能的话必须要控制火情,或者说,直到这些消防员被救时火情起码是得到控制的。一旦违反这个规则,即便所有的人都集中在救援上面,火灾也很快会占据整座大楼,引起以下问题:

(1)增加救援者与受害者的危险。

(2)火情不断恶化,如烟雾不断增多,热气增加,火灾蔓延的危险也增加。因而减少了救援行动成功的机会。

(3)减少实施成功搜救行动的时间。

(4)指派远离救援的消防队继续救火(这可能很困难,可却是一种战略性举措,是成功救援消防员的重要原因)。这是拥有部门规则或者是操作程序的一个主要优势,决定了部署快速干预小组集中精力进行救援行动,同时其他消防队仍旧努力灭火确保搜救行动正常进行。

违反这个规则会发生:

(1)大型的消防部门,拥有足够的消防员,允许消防队离开灭火岗位去响应搜救行动。

(2)较小的市消防部门通过互相帮助不需要额外的消防员来组建快速干预小组。在求救的情况下,要是没有快速干预小组,随时待命的唯一的消防队就是救火的消防队。

(3)起初没控制住火情的消防部门现在必须要响应一个消防员遇险的求救电话。在这种情况下,救援行动通常是不成功的,大火只会更加肆虐。

无论是因快速蔓延的火灾、有结构缺陷的建筑、不足的消防员、欠缺的战术、恶劣的天气、设备故障、墨菲定律,还是个人问题(消防员失踪、迷路、被困)而失去了对火灾的控制,那么毫无疑问,灾难将要降临。《哥伦布月刊》杂志中的一篇

文章"约翰·南斯的谋杀"讲述了一位哥伦布(俄亥俄州)的消防员约翰·南斯是如何被困在一幢四层高、面积为11 500平方英尺(1 068.38平方米)的市中心商业大厦的地下室的。

"我返回的时候踩到了他(受害者消防员约翰·南斯)。"布林(Brining)(指派到2号救援组的消防员)说道。"但是我的警钟发出警报了。当你空气余量不足还剩2分钟的时候,空气呼吸器警钟就会响起。那时候我知道自己处于建筑的深处。有时候2分钟的空气是不够的。当我退回到大楼的时候,面罩贴紧在我的脸上。我的空气用完了。"南斯也用尽了空气。大楼变得越来越热,烟雾越来越多。大火开始蔓延到楼上。"情况看上去就像马上要轰燃了,或者甚至是回燃爆炸,"林赛(Linsey)(消防大队长)叙述道[10]。

尽管每一个行动都很勇敢,由于大火已经包围了整幢大楼,哥伦比亚消防员还是不得不放弃救援,并从建筑中疏散出来。

第五章 突发事件下的消防员逃生

5.1 缠绕事故

在消防火场作业中,所谓缠绕事故是指消防员被各种碎屑所困无法行动导致生命受到危险的事故。导致缠绕事故发生的碎屑包括以下几类:

(1)电视和电脑缆线。

(2)电线和电话配线。

(3)吊顶网格和配线。

(4)暖通空调管子与铝合金管道。

(5)窗帘和百叶窗。

(6)家具(床垫被烧毁了,弹簧裸露在外面)。

(7)商业仓储装置(服装衣架和货架)。

(8)工业机械(电线、手柄、杠杆等)。

(9)建筑构件(栏杆、扶手、坍塌的碎石等)。

(10)其他材料和物件。图5-1为消防员模拟电视电线缠绕。

图5-1 消防员模拟电视电线缠绕

5.2 缠绕逃生训练中的空气呼吸器基础培训

1. 穿上和脱下空气呼吸器的基本技术

为了学习许多可能的生存技术来逃脱缠绕紧急事件,像专家一样熟悉空气呼吸器的设计、功能、性能和限制是非常重要的。多次对穿上和脱下空气呼吸器装备的基本方法进行演练也很重要。我们所进行的演练需要让消防员面临不同环境和地点来穿上空气呼吸器装备。至少要包括坐在消防车上穿上空气呼吸器装备、从地上拿起空气呼吸器并穿好它、从消防车脱下空气呼吸器再穿上。其他需要的技能是确保所有的保护带都正确地穿上并系紧了,确保气瓶气压处于最大气压。另外,低空气警报以及消防员呼救器预警(如果被嵌合成一体)应该确保他们能够充分发挥其功能。

任何消防员对空气呼吸器使用的熟练程度是由训练过的强度所决定的。能够改善消防员熟练度的空气呼吸器的广泛训练的例子如下:

(1)对穿上空气呼吸器计时。

(2)使用不同方法穿上空气呼吸器(例如,普通的"穿外套方法"或者"头戴式方法")。

(3)在黑暗中穿上空气呼吸器。

(4)在黑暗中边听无线电传来的命令边对穿上空气呼吸器计时(空气呼吸器完全穿上后能够重复那些命令)。

(5)戴着手套在黑暗中启动个人呼救器上面的紧急按钮。

(6)戴着手套在黑暗环境中为丧失意识的消防员解除呼救器报警。

如此强度的空气呼吸器重复不断的演练让消防员的技能不断发展为潜意识的习惯,让每一名消防员在使用空气呼吸器时觉得自信满满,因为他们配备更好的装备来处理空气呼吸器和/或缠绕事件。许多空气呼吸器生产厂商提供有不同的功能,比如,快速填充、"好友共享"性能以及不同的调节器和面罩设计。为了确保共同的安全功能和获得空气呼吸器设计和使用的一些连贯性,就制定 NFPA1910 这一标准。这个标准的确立让许多空气呼吸器设计功能实现标准化。

2. 普通缠绕事故

一次普通缠绕事故被定义为一位被缠绕的消防员被困,只需要身体或空气呼吸器位置的转变、方向的变化或者是用手移开缠绕的东西就能成功救援。如图5-2所示。如果消防员被缠绕且无法移动时，就不能继续前行试图摆脱缠绕。这样做会引起电线打结、缠绕得更紧，甚至会导致吸声天花板、货架或其他类似障碍物的倒塌。有几种生存技能可以用来逃脱这样的缠绕。

（1）倒退和改变方向法。被困的消防员应该：

（a）通知同伴这是一次严重或不严重的缠绕事件，他们之间要保持密切联系，目的是共同合作，迅速摆脱缠绕。

（b）如图5-3和5-4所示，尝试倒退一定距离释放缠绕的张力，按照需要慢慢向左转或向右转。一旦转了方向，为了摆脱缠绕再一次倒退。如果这个缆线没有全部释放，那么就要尝试向右或向左转动身体来移开缆线。

 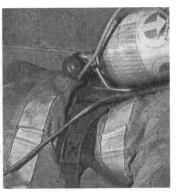

图5-2　向前爬行的被缠绕消防员被电线所困，不能够向前移动了

图5-3　被缠绕的消防员向后退以缓解缠绕的强度

图5-4　被缠绕的消防员转动身体试图绕开电线摆脱缠绕

（2）减少空气呼吸器剖面法。消防员在密闭不规则的空间或者被困在有缠绕材料的地方而导致他们无法移动时，就可能需要改变空气呼吸器的位置，减少消防员自身轮廓大小，以使得他们通过障碍物。改变空气呼吸器的位置可根据情况选择躺着、跪着或者站着来完成。被困消防员应该：

（a）放松左右两边的肩部安全带和腰部安全带（可选择），如图5-5所示。

（b）拉住腰部安全带，推动合适的肩部安全带，把空气呼吸器框架和气瓶移动到左边或者右边，并且利用一些转动的气力把呼吸器滑到一旁，如图5-6所示。根据密闭空间或者缠绕的情况，空气呼吸器可以向左右移动。有些情况下，我们只需要让空气呼吸器移到右侧，这样左手就能做一些事情，比如握住常规的呼吸管。然而，经验表明，各种类型的密闭空间和缠绕情况显示，消防员需要知道空气呼吸器是如何往任一方向移动以此来减少消防员的轮廓体积。

（c）在减少体积情况下背着空气呼吸器穿过密闭区域，如图5-7所示。

3. 严重缠绕事故

一件严重的缠绕事件被定义为一位被缠绕的消防员需要一种或者多种措施才能逃生。

（1）同伴援助。需要一位消防员协助摆脱缠绕、传递工具、交流、共享空气呼吸器空气以及精神支持。消防员同伴最

图5-5　放松左右两边的肩部安全带和腰部安全带（可选择）

图5-6　拉住腰部安全带，推动合适的肩部安全带，把空气呼吸器框架和气瓶移动到左边或者右边，并且利用一些转动的气力把呼吸器滑到一旁

图5-7 消防员在减少自身体积的情况下背着空气呼吸器穿过密闭区域

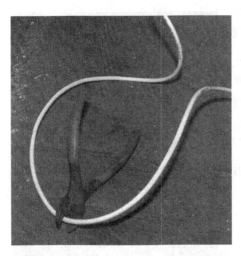

图5-8 同轴电缆和6英寸（15.24厘米）斜口钳

好能够处于有利位置辨认并帮助消防员摆脱缠绕。最重要的是，受害者的同伴必须避免在帮助受害者的时候被困于相同的情形。过程如下：

（a）一旦确定受害者被困在严重的缠绕事件中，必须马上发出求救信号。

（b）受害者必须保护好空气呼吸器空气，而且不能够挣扎。消防员同伴必须让受害者冷静以降低其呼吸速度。

（c）在受害者保持不动时，消防员同伴必须马上开展工作，帮助其摆脱缠绕。

（d）消防员同伴必须做好准备，指挥快速干预人员前去困难的释放点、备好所需救援工具，而且如果有需要，就得协助共享空气的操作。

（2）利用钢丝钳或刀摆脱缠绕。消防员携带个人工具的一个重要方面是避免携带有很多工具和小配件的工具箱，它们本身就会成为问题而不是解决问题的办法。携带这种工具箱不但会增加额外的重量，而且由于突出的工具也会造成缠绕问题。个人最重要的生存工具是6英寸（15.24厘米）长或8英寸（20.32厘米）长的钢丝钳或各种各样的能剪断电线的刀。不管哪一种情况，工具的质量将决定它的价值。便宜的工具只会散架、弯曲或者很钝，所有这些在你生命所需要的时候都是很严重的危害。如图5-8所示，斜口钳剪断同轴电缆。

另外一个重要的问题就是工具在消防员身上的放置位置。当消防员全身穿着消防战斗服、背着空气呼吸器、躺着或者被缠绕的时候，他们应当很容易地拿到这些工具。在有些情况下，根据设计，消防战斗服的口袋可以放得下工具。如果可能的话，放置的最佳位置应当在衣领附近。这可以通过系紧战斗服上衣上的工具或者是远程麦克风附近的无电线安全带来完成。无论是否有同伴的帮助，如果受害者能够通过切断并释放开这个材料而摆脱自己，那么生存的机会就会增加。

（3）快速干预小组救援。严重的缠绕事件可能需要快速干预小组带着热成像仪、切割工具以及额外的空气呼吸器空气进入救援区域以协助或者执行救援。一旦定位了被困消防员，快速干预小组指挥员必须做如下事情：

（a）检查受害者的情况以及空气呼吸器空气供给。

（b）让受害者镇定，缓慢呼吸的同时如果需要，提供空气呼吸器空气。

（c）如图5-9所示，确定缠绕的严重程度，一旦受害者得到解救，我们要重新评估救援难度，并时刻注意火灾情况。

图5-9　潜在严重的缠绕事件

5.3　用空呼器自行摘除技术摆脱缠绕

对一名被缠绕的消防员来说，拆除空气呼吸器来摆脱缠绕是逃生的最后希望了。摘除空气呼吸器有如下指示：

（1）缠绕的材料不能从空气呼吸器上移除，否则受害者就不能转移到安全的地方了。

（2）由于空气呼吸器的尺寸以及体积，缠绕的材料和/或密闭的空间不能使受害者逃生。

1.爬行过程中紧急移除空气呼吸器的基本步骤

（1）消防员尝试滚向任何一侧，便于移除呼吸器，同时要考虑一些可能的限制情况，如墙壁、坍塌物体以及缠绕物件。

（2）展开、移除上方肩部安全带。

（3）释放和解开腰带。

（4）消防员从胸部卸下空气呼吸器，但需仍旧带着面罩保证呼吸。

（5）向前移动空气呼吸器，并收拢空呼器支架背面的背带，如图5-10和图5-11所示。

图5-10　展开、移除上方的肩部安全带，然后释放和解开腰带的同时消防员仍通过空气呼吸器呼吸　　图5-11　收集空气呼吸器背部的背带，同时向前移动寻找逃生机会

（6）根据火势情况、坍塌情况，到达安全的距离以及剩下的空气呼吸器空气，重新背上空气呼吸器的决心应当由消防员或者受害者决定。在救援过程中，为了减少松散的空气呼吸器所造成二次缠绕，把肩部安全带放在头上面，把空气呼吸器放置在右臂下。

（7）行动！

2. 跪着或站着时紧急移除空气呼吸器的基本步骤

图5-12　应急逃生

（1）释放腰带扣子。

（2）用一只手抓住肩带，放松另外一个肩带，然后移开手臂。

（3）回过头来面对空气呼吸器，摆脱缠绕（这时仍应带着面罩进行呼吸）。

（4）根据火势情况、坍塌情况、到达安全的距离以及剩下的空气呼吸器空气，重新全部穿上空气呼吸器的决定值得怀疑。在救援过程中，为了减少松散的空气呼吸器所造成的二次缠绕,把肩部安全带放在头上面,把空气呼吸器放置在右臂下,如图5-12所示。

（5）行动!

5.4　共享空气呼吸器空气的应急方法

共享空气应急法（通常意义上所说的"共呼吸法"）是指消防抢险人员向缺少空气的消防员受害者输送空气呼吸器空气的行为。共呼吸法设备如果未经批准是不被美国消防协会、（美国）国家职业安全与健康研究院或者空气呼吸器生产厂家所认可的。然而,在过去25年的全国灭火空气呼吸器课程里,共呼吸法一直是纳入在消防员的训练当中。随着空气呼吸器稳步的提升和现代化,内部组件的增加使得空气呼吸器空气气瓶有了快速充气的特征。在空气呼吸器中通过呼吸管线分享空气被认为是国家标准所批准的方法。

"未经批准"的空气共享方式,如使用仅够临时逃生用的普通面罩,都可能在下述场景中使用。

（1）使用中的空气呼吸器不够先进,没有共享空气这一功能。

（2）受害者和救援人员穿戴的空气呼吸器出于不同生产厂家或不属于同一批次（如一个穿戴空气呼吸器是"快速充气"类型的,而另外一种却不是）。

（3）受烟热环境影响,消防员无法完成共用呼吸管或者分气管操作。

（4）遇险消防员的空呼器被全部摘除（如在准备进行解开缠绕物作业时）。由于进行空呼器空气共享操作必须使用救援人员自带空呼器内空气,无法使用任何一体化的空气共享功能。

重申第四章提到的第四条逃生规则相当重要,"建议不要共享你的空气呼吸器空气"。如果这个受害者能够自由移动或者能够行走、爬行或者能够拖动他的时候,建议不要共享你的空气呼吸器空气。在消防员救援行动中（计划中的救援）,建议不要与受害者分享你的空气呼吸器空气。这样的行为通常会减慢移动的过程,为救援行动中的快速干预小组成员浪费了许多宝贵的空气,何况受害者可能不那么情愿去"分享"救援者的空气。

在消防员的生存背景下,而不是救援背景下,如果在消防员团队中发生缺少空气或者没有空气的紧急事件,那么当受害者处于以下情况时,共享空气的方法才是恰当的。

（1）严重缠绕。

图5-13　常见面罩法

（2）人员不能动弹（被困在横梁下面）。

（3）受困于坍塌所致空间或缝隙内。

（4）失踪、搜索逃生的地方。

（5）严重受伤、无法行动。

虽然使用共享空气的方法已经在第四章中被认为是不妥当的，但在这种情况下这可能是成功逃生的最后一线希望。

1. 普通面罩法

普通面罩法包括移除空气呼吸器面罩，把消防员的"新鲜空气"迅速传给需要空气的消防员，如图5-13所示。

推荐的步骤是：

（1）拉伸面罩头部安全带和背带，来回过程中保证快速、简便、可靠的密封性。

（2）拥有"新鲜空气"且肩负传递面罩的消防员必须时刻小心谨慎地控制好面罩，不让它掉落。

（3）"分享"空气。每一次呼吸3次，然后把面罩返还给共享空气的那名消防员。

（4）当来回传递面罩时，要保护好空气，以免流失。

警告：关于这个方法必须重申一个严重警告。由于生存的强烈本能所致，就会产生这样的危险，用尽空气的消防员受害者可能不会归还面罩。

2. 普通全面罩供气阀法

普通全面罩供气阀法包括"新鲜空气"经由调节阀输送到没有空气的面罩后再被输回的过程。这个过程在不同生产商生产的空气呼吸器之间可能不会起作用，甚至在同一公司生产的不同批次的空气呼吸器之间也不起作用。不同厂家生产的呼吸面罩上供气阀的旋转以及正压固定方式难易不同，因此，导致在一些情况下这项操作难度极大。这种方法的优势就在于呼吸器面罩能继续佩戴在消防员面部,因此,能使面部免受高温、坠落物的伤害,还能起到部分过滤烟气的作用。此外,当全面罩供气阀被接通,气流就能被阻止,以减少其在两名消防员间的损耗。

警告:对于共享空气的消防员始终不松开全面罩供气阀相当重要。推荐过程如下:

(1)伸手拿到全面罩供气阀,打开并转动锁。

(2)试图摘除全面罩供气阀前停止空气流动。

(3)把全面罩供气阀嵌入受害者的面罩里。

(4)与受害人分享3次呼吸。

(5)从受害者的面罩上移除面罩供气阀。

(6)放回全面罩供气阀,再呼吸3次。

3.普通导气管法(仅限于带阀式供气阀空气呼吸器)

如图5-14所示,普通导气管法允许已耗尽空呼器内空气的消防员将面罩导气管插入带有充足空气消防员的面罩一侧。带有新鲜空气面罩内产生的正压能为两名消防员提供充足空气。推荐步骤如下:

图5-14 普通导气管法(位于救援人员左边的消防员受害者将他的导气管放置于救援人员面罩内部。救援人员正压式面罩气流能够持续不断地将空气补给受害者)

图5-15 普通供气阀法

（1）需要空气的消防员断开带阀式供气阀上的导气管。

（2）随后，导气管被插入到有新鲜空气的面罩的一边。导气管伸到鼻罩内。如果在鼻罩外面，获取空气就会很艰难。

（3）有"新鲜空气"的消防员一定要尝试捏住嵌入呼吸管的面罩，尽可能保持良好密封以减少空气流失。

4.普通供气阀法（仅限于带阀式供气阀空呼器）

如图5-15所示，普通供气阀法是专为带阀式供气阀空呼器而设计。带阀供气阀要比全面罩供气阀历史悠久，是早期一种非常典型的空呼器。这种方法允许遇险人员将空呼器面罩导气管末端置于同伴新鲜空气供气阀的供气口，并在每进行3次呼吸动作之后互换两条导气管位置。推荐步骤如下：

（1）需要空气的消防员断开带阀式供气阀上的导气管。

（2）随后，导气管被插入到有新鲜空气的面罩的一边。导气管要插入到鼻罩内。如果在鼻罩外面，获取空气就会很艰难。

（3）有"新鲜空气"的消防员一定要尝试捏住插入导气管的面罩，尽可能地保持良好密封以减少空气流失。

5.5 快速干预小组共享空气救援法

在消防员使用气动、液压、切割工具、墙体地板破拆以及绳索救援进行大范围解除缠绕物救援作业过程中，遇到的困难之一就是漫长的作业时间。时间像脆弱的建筑或者火灾一样成为消防员们的劲敌。空呼器内有限的空气对于专注于救援作业的救援人员来说是一个麻烦。在大量的模拟训练中发现，一旦空呼器低压警报响起，救援作业就开始溃败。在芝加哥消防局两年间的大量快速干预小组训练中，60个云梯车中队在各种不同空置建筑物内进行了超过380次的消防员模拟救援训练。快速干预小组的平均作业时间约为15～17分钟，空呼器气瓶供气时间为30分钟。因此，一旦救援任务无法在该时间内完成，以下事件就将可能发生：

（1）快速干预小组消防员不想离开救援区域。

（2）如果快速干预小组消防员离开了，我们就很难知道哪些任务还没有完成（比如，垛式支架搭建、绳索供应或者遇险人员搬运）。

（3）快速干预小组消防员之间的交流变得异常困难，他们说话的声音试图压过个人呼吸器、空气呼吸器低压警报、无线电通信设备信号和周围其他的吵闹声。

（4）离开受害者以及救援失败的焦虑和恐惧大大增加。

（5）替补快速干预小组消防员并不总是能够知道正在进行的救援技术是什么，并开始了一个不同的救援行动，最终导致大规模的混乱和彻底失败。

对于任何为快速干预小组作业提供物资保障的部门来说，能够为快速干预小组及时补充空气是极为重要的。假设需要对空呼器进行额外供气，那么无论这套空呼器设备是专业救援用供气设备还是生产商自行设计的空呼器气体共享设备，快速干预小组都需更换整套空呼器设备，这非常重要。

警告：空气呼吸器气瓶更换法不应用于空气补给。当消防员耗尽空气后，其断开与气瓶连接的高压管线，把气瓶从空呼器背板上摘下取走，并重新更换上充满空气气瓶的操作过程，哪怕是在普通消防作业过程中也是极为困难危险的。快速干预作业时，在紧急不稳定的情况下进行空呼器气瓶更换极容易导致任务失败，并造成快速干预小组成员发生伤亡。

5.6 在墙上破拆一个缺口

在墙上破拆一个缺口的技能和技巧需要适当的培训，并且自身要"具备穿墙能力"的心态。当常规的逃生路线（走廊、楼梯、后廊和火灾安全出口）不可行的时候，消防员就需要从墙壁上打开缺口，移除壁骨，移动家具进入到安全的房间。他们甚至可能不得不通过外墙出来或者由于建筑坍塌提供一个逃生的路径。在这种情况下，使用某种手动工具可以最好地打开缺口。但是，用力踢墙壁甚至使用空气呼吸器气瓶作为最后的努力也可能完成这个工作。不管怎样，最主要的还是"永不放弃"，利用任何可选择的机会和所有的训练以从火灾中逃生。图5-16、图5-17、图5-18和图5-19为在墙上破拆一个缺口的注意事项。

由于以下原因，破拆逃生技术并非万无一失的选择：

图5-16 消防员在内墙打开一个缺口以便逃生

图5-17 刺穿墙壁时希望不要碰到墙体立柱或者其他障碍物(迅速拆掉这堵墙,移除墙板或者石膏和木板)

图5-18 如果需要,消防员的手可用来迅速拨开碎片,清出一条逃生洞口

图5-19 一旦墙体被打开,就要检查是否有任何障碍物(确保另外一头有地板。如果有必要,拿起手工工具,敲打墙体立柱最低端部位。这可以移动立柱,让你有更多的空间进行逃生。把工具通过洞口送到墙体另一侧。)

（1）由于使用建造墙壁的材料的类型（如钢网抹灰墙或者榫槽墙）而不能迅速有效地从墙壁上打开缺口。和具有80年历史的舌榫结构的建筑外部墙壁相比，消防员能打开墙壁的缺口的成功率则更大。

（2）建筑整改导致墙壁结构改变，造成墙壁一侧是墙板，另一侧有可能是榫槽木镶板。

（3）一旦墙壁被打开一个缺口，电线、管道、水管可能处于壁骨的位置，使得消防员很难或者不可能通过。

（4）要打开缺口的地方是要根据它另外一边是什么决定的———一个安全的避难所或者另外一个死胡同。橱柜、冰箱、或者壁橱不可能通过墙壁得以顺利逃生。

（5）消防员拿的手动工具的类型是另外一个变数。哈利根铁铤通常是和大锤、消防斧一起使用的。

5.7 悬挂式下降法

许多情况下，消防员不得不破拆窗口，用以从火灾中逃生的情况是：

（1）着火处以上楼层的首要搜救行动。

（2）起火点以上楼层的灭火行动。

（3）起火点以上楼层缺乏水源。

（4）楼梯、地板和屋顶结构坍塌。

（5）由于纵火导致易燃物体的突然燃烧。

（6）天然气管线的突然燃烧。如图5-20所示，悬挂式下降法是针对那些被大火所逼，消防员不得不从上层窗口降到地面。与从窗口上跳下或跨越一个窗台，然后沿着窗台直到地面下来不同，悬挂式下降法的目的是减少窗台和地面的降落距离。消防员悬挂在

图5-20　窗口悬挂式下降法

窗台上,然后双脚慢慢地降落到地面。例如,消防员从手到脚的距离是7英尺(2.13米),而从窗口到地面的距离是12英尺(3.66米),那么消防员降落到地面的距离只有5英尺(1.52米),因此,减少了任何受伤的机会。需要强调的是这只是消防员生存的最后努力,不会使用在培训中,因为这会导致严重的受伤,甚至死亡。

5.8 应急逃生梯

应急逃生梯是专为从楼上的窗口迅速逃生设计的。一位消防员或者消防员团队可能会使用它。不幸的是,有时候,消防员的常规出口会被阻断,由于火灾情况的变化和/或建筑坍塌,不得不借助窗口来逃生,如图5-21所示。由于相同的最后努力的原因,使得消防员使用悬挂式下降法,拥有落地消防梯的消防员就会使用这种特殊的方法。

图5-21　消防员被迫从二楼公寓窗口出来

虽然对于没有培训的人来说,消防员的头部首先从窗口出来到消防梯上是极其危险的,然而事实上,由于各种原因,它在紧急情况下比传统的"跨步法"更加安全。

正在逃生的消防员待在窗台的低处,本能地压低自己,避免排出窗口的热气和烟雾。他们在逃出窗口的时候身体重心很低。当消防员躺在窗台上,面朝下,找到消防梯逃生,这样失去平衡而跌落的危险会减少。使用传统的在窗台和消防梯上的跃步法会丧失平衡而导致跌落。使用应急逃生梯,一名或者更多名的消防员能够更加迅速地从窗口逃出,从而脱离险境。

以下就是副中队长克里斯·洛佩尔(Chris Loper)报道的大家所熟悉的芝加哥消防部门形式,他写道:

局:行动　　　　　　　　　　日期:2002年3月22日
消防队:32号登高车　　　　　地址:惠普尔南街2358号
主题:火灾中快速干预小组训练的实际使用

我恭敬地提出，32号中队的多斯波（Dospoy），在履行他的职责时，尤其是在一起位于西街25弄2442号的起火建筑的二楼进行搜索行动，为寻找3名失踪儿童时，他们有机会利用快速干预小组训练中所传授的技巧从二楼窗户逃生。尤其注意的是头部首先要从窗口出来，脚在上面。这不仅是有帮助的，而且对于避免房间里的极度炎热是非常必要的。请表达我们对芝加哥消防研究院培训职员的谢意。我们希望这个培训能够继续。

当消防员到达这幢木构房屋的二层半时，纵火火灾在一层迅速蔓延，一位带着3个孩子的母亲大声吼叫，她的3个孩子被困在二楼。大火不仅延伸到阁楼，而且水罐车中队由于无法打开被冻住的消防栓而延误供水，导致大火蔓延到了隔壁的公寓大楼。消防员首先从前面进入到了二楼，然后进入到由那位疯狂的、不会说英语的母亲重新指示的地方。在狭窄的过道架起了一架长为16英尺（4.88米）的直架梯，当32号中队的消防员进入到二楼的窗口时，一楼的大火吹到了窗口并且影响到了直架梯。

来自增压水箱的2.5英寸（6.35厘米）的手持式水枪可以暂时扑灭一部分火灾。但是不久水就会用完。3个孩子都找到了，但当第一个孩子被救时，大火已经燃烧到天花板上了，不得不使另两个孩子分别从两个窗口出来。消防员多斯波（Dospoy）和赫伦（Herrea）正好刚刚在紧急安全梯逃生上面接受过培训，几乎同时使用到了这个办法。指派到芝加哥消防部门32号中队的消防员鲍勃·赫伦（Bob Herrea）说，"待在低处，先把头部伸到外面得到冷的空气，然后放到消防梯上，使用我在快速干预小组中受到的培训，这样就拯救了我的生命。"

1. 使用应急逃生梯的指示

（1）只有在消防员的生命受到威胁的紧急情况中才应在火场中使用这个办法。其他时候，鉴于消防梯的类型、位置以及气候条件等，消防员应当以最恰当的方式逃生。

（2）应急逃生梯是消防员生存的步骤，这是从楼层的二楼或者三楼的窗口来完成的。

（3）正在逃生的消防员在尝试使用应急逃生梯逃生之前应该受到培训。如果没有受到培训，可能会导致严重受伤，甚至死亡。

2. 使用应急逃生梯的几点推荐

（1）消防梯的末端必须放在窗台上或者窗台下面一点。如果消防梯的末端再比窗台高1英寸(2.54厘米),可能就会导致失去平衡和/或缠绕。退出来的消防员可能被悬在消防梯上,放慢或者停止了紧急逃生。

(2)消防梯生产商命令在任何时候操作消防梯时必须倾斜75度。通常在紧急消防梯逃生时倾斜60度。

(3)减少消防梯角度,就非常有可能会导致消防员踢飞消防梯。因为消防梯到窗口的高度调整不是由接梯的拉节,而是由消防梯末端位置移动来调整的。消防梯的角度通常略微小于75度。

(4)如果消防梯角度比75度还要陡峭,那么逃生消防员就会握得不紧,他们可能会变得更加"头重脚轻"引起不平衡而增加跌倒的风险。因为当角度减少时消防员在消防梯上的重量就变小了,重力变大,导致失控。

(5)如果消防梯对于逃生的消防员来说太陡峭了,放置消防梯的人必须重新放置消防梯,减小角度,但是不能把消防梯的末端放在窗边的太下面。

(6)在用消防梯逃生时必须有人握着消防梯。在紧急情况下做出的瞬间决定中,任何随时待命的人员(消防员、警务人员或者公民)都可以握着消防梯。如果消防梯被放在柔软的地上时,它自身可以竖到泥土里。

(7)如果不止一名消防员出来时,那么要手持着消防梯的末端,万一消防梯不能第一时间竖到地面上。一旦第一位消防员到达地面,他就要握着消防梯。

(8)当消防梯是湿润的或结冰了,要格外小心。消防梯会变得很滑,导致消防员握不住梯子而跌落。

3.使用应急逃生梯的步骤

(1)把消防梯末端放置在与窗台一样高或者低一点的地方,如图5-22所示。

(2)彻底清除窗玻璃(把窗作为门)。

(3)逃生消防员必须缓慢地有控制地斜靠到窗台上,然后抓住消防梯的两边的梁。

(4)逃生消防员必须用右胳膊勾住第二个阶梯,如图5-23所

图5-22 消防梯末端放置于窗台一样高或者低一点的地方

示。右手或左手都可以使用,但是不管任何消防员惯用的手臂,建议人员以相同的方式完成技能。由于大多数消防员都惯用右手,这个技能的过程就是勾住右臂。这样就能保护好消防员到达消防梯。

警告:有时候,消防员没有用肘勾住消防梯,而是没有用足力气或者力气过大地抓住了第二个阶梯。抓住第二个阶梯并不能保证逃生的消防员就能安全到达消防梯,甚至会从消防梯跌落下来。

(5)如图5-24和图5-25所示,逃生的消防员应该把他们的左手滑到消防梯的左梁上,紧紧抓握第四个阶梯的中间部位。当消防员旋转消防梯到一个直立的位置时,左臂将为其提供所需的控制及平衡。最好记住这个技能:"勾住第二个阶梯,滑到第四个阶梯。"

警告:逃生消防员必须让左手不离消防梁,直到右手滑到第四个阶梯,而不是盲目地抓到阶梯或者抓不到,这样的轮换会变得不可控制,导致勾住第二个阶梯的右臂受伤甚至从消防梯上严重地跌落下来。

(6)消防员从窗口逃生时,当他们的左手紧紧抓住第四个阶梯时应该弯曲膝盖。随后,他们的右腿应该沿着消防梯左梁滑下来,将自身旋转到一个直立的位置。然后双脚蹬至

图5-23　消防员必须用右胳膊勾住第二个阶梯(左手握住左梁,始终保证自己在消防梯上安全可控)

图5-24　消防员右臂勾住第二个阶梯,与此同时左手滑到消防梯左梁上,抓住第四个阶梯

图5-25　消防员右臂勾住第二个阶梯,左手紧紧抓握第四个阶梯,"勾住第二个阶梯,滑到第四个阶梯"

图5-26 消防员旋转至直立位置时其身体从左梁旋转时应当缓慢可控

消防梯最接近的阶梯上。右臂勾住第二阶梯，与此同时，左臂紧紧抓住第四阶梯，如图5-26所示。

（7）实行消防梯下降（消防梯下降法是根据是否是一个或者多个消防员从窗口逃生所决定的）。

（a）如果一名消防员逃生，那么使用消防梯下降法是很恰当的。

（b）如果是多名消防员，就必须使用应急逃生梯逃生或者建筑物即将倒塌，逃生中的消防员一旦通过身体旋转自身处于竖直状态时，就可以使用应急消防滑梯，允许多名消防员迅速从消防梯上下来。

4. 应急消防滑梯

"应急消防滑梯"的设计目的是用于任何消防员从落地梯子上下来，用于不论是从屋顶、窗口下来还是在其他消防员需要使用消防梯的行动中。使用应急消防滑梯的指示如下：

（1）在多名消防员必须使用应急消防滑梯时。

（2）从正在倒塌的屋顶中紧急逃生的过程。

（3）万一发生结构性墙壁倒塌。

（4）由于火灾条件变化的不可预知性。

（5）正在倒下的消防梯，或者由于地面松软、消防梯被物件撞击或者没有放置稳定引起的即将倒下的消防梯。

5. 应急消防滑梯的使用过程

（1）消防员一旦处于竖直的位置，就要抓紧消防梯两侧的梁。

（2）把双膝放在消防梯梁木外面。

（3）张开双臂在消防员胸部和消防梯之间腾出足够空间，移除个人安全警报系统、空气压力表、手持式电筒以及空气呼吸器面罩等，如图5-27所示。

（4）缓慢地降低消防梯并从消防梁上滑落下来。消防员可以用手抓紧梁木，把膝盖压紧在梁木上来控制身体滑落的速度。这种控制能力能够减少对地面的猛然撞击，造成不必要的伤害。

图5-27　一旦消防员处于竖立状态,紧握消防梯两边梁木的下侧(张开双臂在消防员胸部和消防梯之间腾出空间,移除无线电麦克风、个人安全警报系统、手持式电筒等)

图5-28　应急消防滑梯

6. 应急消防滑梯使用禁忌

如图5-28所示,应急消防滑梯的使用禁忌有如下几个方面:

(1)消防梯是潮湿的或者结冰的。

(2)消防员极其疲惫。

(3)消防员没有受到消防滑梯技术的训练。

(4)消防员受伤、残疾。

7. 应急逃生梯安全系统

在学习或实践应急逃生梯逃生技能时,使用安全系统以防止所有的消防员在培训中跌落是非常有必要的。让培训变得更加安全的一个方法是使用固定安全系绳或固定保护系绳。我们意识到每一个训练设施都是独一无二的,因此,有必要去咨询一位训练有素的技术救援专家以确定最可信赖的安全系统。安全系统的强制性组件如下:

(1)部署的消防梯放置在逃生梯的右侧。

(2)万一消防梯没有放置好而要保证消防梯安全的其他辅助系统(电缆、锚块)。

(3)缚住固定保护系绳的高锚点(顶棚搁栅、锚定螺栓以及消防梯),如图5-29和图5-30所示。

(4)由1英寸(2.54厘米)救援织带或者救援锚定带做成的高锚点"篮筐"。

图5-29　高锚点,利用顶棚搁栅

图5-30　高锚点,利用消防梯

图5-31　部署消防梯、指导员和固定保护系绳的位置;培训课程中指导员处于逃生窗口的位置

（5）附属于钩环和篮筐的单环结或被批准的机械保护系绳装置。

（6）直径为10～11毫米的编织绳用作固定保护系绳。

（7）大型钩环保护消防员牢牢固定在保护系绳上。

（8）符合NFPA1983（1995版）消防安全绳及系统组件要求的消防逃生梯安全带。

（9）指导员在部署消防梯上引导消防员逃生。

（10）指导员在部署消防梯上控制逃生窗口的固定保护系绳,如图5-31所示。

（11）至少有一名消防员总是留在逃生梯处以固定消防梯,才能为下来的消防员提供安全。

8. 培训的几点建议

（1）解释使用应急消防梯逃生的指示和建议,解释使用应急消防滑梯的指示和禁忌。

（2）检查消防梯末端的位置在窗台的下面。

（3）展示批准和未经批准的方法。

（4）让每一名消防员不用佩戴空呼器，练习如何在不受空呼器重量和重心的影响下使用第一种方法。经过1～2次练习之后，再让他们背上空呼器继续练习。

（5）确保所有的安全系统已经到位，并保证除非在最紧急的情况下，这种技能作为最后拯救他们的方式时才能使用。

5.9　应急绳索下降法

应急绳索是消防员在火灾时由于坍塌或者火灾变化使用的最后的生存方式。在没有落地消防梯、登高装置或者其他逃生方式（阁楼楼梯、消防逃生梯或者隔壁屋顶）时，要使用应急绳索下降法。绳索下降法需要大量培训和安全注意事项。逃脱危险的应急绳索下降更加需要广泛的、具体的、持续的培训，应急绳索下降超过了许多消防员救援与生存技能的危险，然而，比起从高层处跳到地面上的选择要好得多。其他消防员救援和生存技能的情况也一样，有些技能更适合一个国家的一些地区，而不适合另一些地区。必须意识到应急绳索下降法由于以下原因，许多消防部门没有教授这个方法。

（1）许多消防部门发现，为所有的人员提供适当的救援绳索钩环、铁索和绳袋，成本太高。

（2）为所有的受训人员提供应急绳索下降进行培训很艰难。

（3）许多城镇在他们建筑的周围至少有3处可以放置落地消防梯，减少了使用绳索逃生的需要。重要的是要注意消防员救援与生存培训必须强调在发生火灾的建筑周围拥有消防梯的重要性。

（4）如果窗台上仍旧有破碎的玻璃片或者锋利的金属窗框件，那么就有可能会切断绳索而对逃生中的消防员产生重大的危险。

（5）从平顶上紧急逃生可能由于缺乏固定锚点而变得复杂。在一些建筑中，很难发现有锚点或者使用结构部件，因为：

（a）已被风化的石质墙体，如支柱、墙顶、护墙。

（b）腐蚀的金属、尖锐的房顶天沟以及损坏的电缆。

（c）砖砌墙体内砂浆老化。

（d）体积小缺乏稳定性的砖砌建筑物（比如，小烟囱）。

（e）由金属薄片制成的通风口和烟囱。

（f）脆弱的松散的防雨板、排水沟以及落水管。

（6）在有些情况下，需要考虑消防员所缺乏的敏捷性、年龄、伤害以及其他的类似因素。

1. 使用应急绳索下降法的指示

（1）消防员必须经过培训，而且要有个人绳索下降设备，能够有效而安全地完成这项技能。

（2）个人绳索下降设备随时可用，因为它是放置于消防战斗服的口袋中或者固定在很容易拿到的安全带上。

（3）最后唯一的一个选择就是从窗口或者屋顶跳下（悬挂式下降法）。

2. 身体绳索下降法

纽约消防部门引入了身体绳索下降法。身体绳索下降法包括使用直径不少于10～11毫米的编织绳穿过手臂下方来环绕上部躯体。消防员躯体下降时，上部躯干连同牢牢紧握的手创造了足够的摩擦力，这样就能有所控制地下降到地面、阳台、安全出口，以及任何提供安全逃生区域的地方。

应急绳索下降法推荐使用设备包括：

（1）最短长度为35～50英尺（10.67～15.24米）、直径为10～11毫米的编织绳。

（2）一个钩环。

（3）一个绳袋。

3. 身体绳索下降法的过程

（1）为了赢得时间，关闭房间门或者使用其他的固定装置（竖立的沙发和坐垫，关闭橱柜门等）以阻碍火势延伸。一旦打开窗口来逃生，必须意识到火和热会迅速进入到房间里。

（2）确定一个固定的锚点把绳子的底端系住，目的是为了使用钩环。这样的固定锚点可能是：

（a）重型家具，如全尺寸的沙发、钢琴、梳妆台和床架等。

（b）铁制供暖器。

（c）两扇关闭窗口之间的墙的面积。

（d）开放的墙上有一个暴露的螺栓。

（e）支持大型机械。

（f）楼梯支撑梁和柱。

（g）承重柱以及结构梁。

（h）大面积砖砌建筑物。

锚点离开窗口越近越好（从而远离火灾），这是很重要的。举个例子，把下降绳子打个结系到靠近过道门的家具上面，在绳索烧穿之前，这种情况下火灾不可能让消防员有足够的时间去完成绳索下降过程。

（3）如果固定锚点不可能，那么消防员必须求助于可移动的锚点。这就需要使用消防工具，比如，哈利根铁铤、消防钩或者以45度角放置在窗口角落的斧子，如图5-32所示。工具上包扎了2～3圈的绳子并用钩环加以固定。消防员逃出窗口时，还必须保持对工具的恒张力，以维持它作为锚点的功能。

（4）一旦设置了锚点，消防员可以跨越窗口，把绳子放到头上面和肩部，如图5-33所示；将绳索搁在空气呼吸器框架上。此时应抬起两个手臂保护下面的下降绳索。

图5-32　哈利根铁铤用作为可移动的锚点，该锚点位于装有下降绳索系统的窗口的下方

图5-33　正在逃生的消防员跨坐在窗口上准备利用下降绳索进行逃生

（5）在使用可移动的锚点时,对于消防员在窗外向前、向下倾斜,保持对工具的恒定压力非常重要。通过警告的方式,如果失去了工具的张力,那么这些工具很有可能会退回到房间,也不再是安全的锚点了。

（6）绳子的固定端和活动端都要放置在手的外部（在绳子上产生最大的摩擦不至于消防员在爬出窗外的时候打滑）,里面的手抓住窗台,这样在消防员爬出去的时候就稳定而又有控制了。

（7）消防员缓慢地从窗口出来,全身重量和倚靠都在下降的绳索上面。当消防员出来的时候,里面的紧抓窗台的手可以释放一些,即释放绳索的固定端。

（8）当外面的手慢慢地放松紧抓着的活动端的绳索时,绳索作为摩擦设备在消防员周围滑动,进行有控制地下降。

如图5-34～图5-36所示,即消防员利用身体绳索下降法进行安全逃生。

图5-34 正在逃生的消防员利用窗沿控制下降速度

4. 机械绳索下降设备方法

机械绳索下降设备方法不是使用消防员的身体作为摩擦设备,而是使用下降设备,这个设备是附着于一套结实的救生索具上的。消防销售市场销售各种不同类型的应急绳索下降系统,有绳索、绳索下降设备,绳袋应有尽有。一些系统是消防上衣和裤子所固有的。虽然根据所使用的系统类型和绳索下降设备而导致过程可能会有些许变化,但无论使用什么系统,它与应急绳索下降法紧急悬垂法的使用指示是相同的。在任何情况下,必须注意到生产厂商对于使用和安全的推荐。

5. 培训建议

（1）回顾亲身实践的训练方法以及下降绳索固定到可固定和可移动锚点上。

（2）部署一个消防梯,并要有一位指导员来指导和确保消防员安全逃生。

（3）在所有的培训课程中,消防员身上要携带好下降系统以支持绳索下降

图5-35　消防员沿着墙壁有控制地安全下降　　图5-36　消防员沿着下降绳索安全到达地面

设备的应用。

6.制动系统组成部分

（1）系在下降绳索并处于跌落危险的消防员。

（2）附着于消防员的下降绳索。

（3）由消防员穿戴的、附着于下降绳索上的安全带。

（4）制动器。绳索沿着制动器有控制地滑动，如果发生消防员跌落的情况，制动器在其操作人员的控制之下抓住绳索。如图5-37所示。

（5）控制制动器和下降绳索的人员叫作制动器操作人员。如果消防员跌落，操作人员主要责任在于制动绳索。

（6）附着于制动器的锚点。该锚点能够控制住因消防员跌落而产生的最大冲击力，如图5-38和图5-39所示。

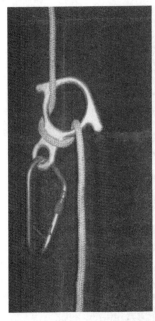  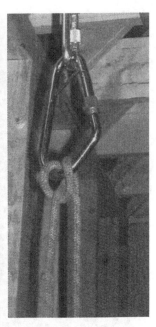

图5-37　应急绳索下降过程
中利用缓降器

图5-38　有制动器和下降绳索的
固定锚点

图5-39　有单环结、钩环和
下降绳索的固定锚点

第六章 对失踪和迷路消防员的
搜救行动

对失踪和迷路消防员的搜救行动和对老百姓的搜救行动具有不同的意义。这并不只是暗指某些人的生命比他人更具价值。就此而言，消防员经常搜救失踪或被困老百姓是理所当然的，而搜救失踪或迷路的消防员却不大容易接受。消防员失踪或迷路将会是一次十分情绪化，也毫无计划的、意气用事的搜救行动，而这样的行动不仅会导致也必将增加牺牲人员。

芝加哥消防局的林奇[11]（Lt.Patrick Lynch）讲了这样一件令人沮丧的事情。1998年，他们尝试在一个汽车轮胎维修中心的一弦桁屋顶搜救两名失踪消防员，后来发现他们在2月11日牺牲了。他所在的救援中队抵达现场时，尽管当时火情非常严重，而且没有失踪消防员的任何线索，救援队还是接到命令搜救受害者。当时，他们和失踪的消防员失去了联系。失踪消防员的同伴也受到很大惊吓，无法提供任何积极的信息以帮助搜救行动。据说，失踪的消防员被迫退回维修厂。救援队从前门进入一个小的展览厅，然后又通过一个门进入到维修厂，这个门把展览厅和维修区域隔离开。虽然经过他们的努力，救援还是没有成功。几小时后，他们在距展览厅门右边的大约12英尺（3.66米）处发现了第一个受害者，这个门正好通向轮胎维修厂销售店。而第二个受害者是在距这个门大约45英尺（13.72米）处。

救援队员感到沮丧首先是因为缺少搜救信息。更令人难过的是，后来大家发现受害者的个人呼救器（单机版）没有被激活，而且当火情越来越严重时，他们没有搜救行动的作战方案。对于林奇（Lt.Lynch）来说，所有这些原因，加上他自己也感觉没有充分准备好为搜救失踪队员而应执行坚决的、有组织的行动等一系列原因，所有的一切造成了他这一生的懊悔。

我们不知道若是这些受害者还活着的话，他们会不会使更加有效的搜救行动成为可能。从这一个故事中所学到关键一点就是，任何一名搜救人员或者快速干预小组成员在处理求救信号之前,必须接受过充分训练,同时还能获得充足帮助。在开展搜寻失踪消防员前,对包括搜救计划、工具、职责分工以及个人安全等基础搜救作业关键点进行检查极为重要。

6.1 基本搜救行动

以下是3个基本的搜救行动,快速干预小组成员应该接受训练:

(1)初步搜救——在火情控制结束前,从内部快速搜救受害者。这个搜救仅仅涉及一些明显的地方和某些目标区域(如床、后门、浴缸等)。

(2)再次搜救——当火情得以控制时,在失火地点、失火楼层、失火楼层以上区域以及其他区域所进行的一项全面而系统的搜救。这个搜救过程一般比初步搜救更慢。

(3)最终搜救——在整个建筑物及其外围区域进行全面系统的搜救。邻近的房顶、天、通风井、庭院、巷道、地下室,以及并不是直接过火区域但很有可能会有受害者的地方都要进行搜救活动。这个过程更多的是被看作恢复工作而不是救援行动。

图6-1 确保搜救婴儿床时不能用工具,而是要用手

1. 初步搜救程序

(1)首先搜救火灾现场,找到处于最危险境况的受害者,也就是那些最靠近失火地点的受害者。对于消防员来说,他们必须慎重考虑能够顺利救出受害者及其风险之间的得失。如图6-1所示,搜救婴儿床只能用手。经验、训练和一定的运气将会有助于做出谨慎的判断。

(2)然后搜救失火楼层,接着从失火地点转移到各个出口(门和窗户),卧室以及任何其他普遍的居住地方。

(3)打开后门或备用门,后窗或备用窗,这样可以让消防车到达火灾区域,因此,工作人员可以打开后门或后窗顺利进行通风、进入和搜救行动(VES)。(根据针对曾经参加过搜救行动的许多消防员所做的一次非正式调查,大约70%

的火灾受害者在着火建筑物的后方被发现。同时这个事实也得到了纽约州市民的认可。)[12]

（4）如果有可利用的人员，接着就应该搜救楼层上面。如果楼上可以和着火楼层同时进行搜救作业，这是首选之举。如果人员有限，搜救楼梯间、窗户和卧室是首先应该考虑的事情。

（5）初步搜救中的通风、进入和搜救（VES）行动。（这一行动必须和事故指挥员或者区域指挥员的指挥一致。）当火情或建筑物的条件不允许初步搜救人员按常规进入建筑物时，就要通过低窗户或使用落地梯或云梯消防车进入搜救区域。如图6-2所示，记住，在搜救时把所搜救房间的门关上，这样可以降低火蔓延到你搜救区域的可能性。

图6-2　在通风、进入、搜救期间，如果需要确保关闭房门，减少大火进入搜救区域

2. 初步搜救中应该注意的地方

（1）检查外窗和门的布局（最重要的是，如果情况变得危险，要有逃生出口）。

（2）从外面检查火情明显的地方和浓烟冒出的地方。

（3）如果从窗户进入，记住"使一个窗户变为一个门！"即在进行搜救前，清除所有的玻璃、扶手、框架、窗帘等布料。

（4）指挥员应该和你的消防员交流搜救计划。通过交流使往日的训练得到回报。

（5）听受害者所在的地方——放慢或停止空气呼吸器来倾听。

（6）了解消防队的进展。火势是否蔓延到搜救区域？是否需要增加消防队，或是一个支援水带线就可以完成任务？

（7）当搜救行动超过消防队的能力时，必须告诉消防队指挥官。如果消防队有任何困难（如水带爆裂或火情太严重），就可以启用备用水带或可以将搜救组转移到一个更加安全的地方。

（8）始终保持使用两个工具。随身携带一个，用另一个搜救。在初步搜救和再次搜救时使用工具是为了：

（a）扩大搜救范围。

（b）使窗户通风。

（c）转移受害者。

（d）在墙上打开缺口。

（e）探测地板和楼梯是否有洞穴（轻质结构）。

（f）用塞块塞住门。

（g）标记到达过的房间和楼层。

（9）出现中度或是重度烟雾时，继续停留在墙边。为了从墙边走到房间内部并扩大搜救区域，把工具（如哈利根铁锭）放在踢脚板上，并且挥动你的手臂和手来辨认人体。这样做是为了使你不可能远离墙壁。

（10）只有在为了方便搜救时才移动物品。不要疯狂地乱扔家具和其他物品。这也许会阻碍你的道路，甚至也许会掩盖一个受害者。

（11）检查后面所有的门，用东西塞住或挡住所有的门。如果两个搜救人员都必须进入同一个房间，在门槛上镶嵌一个消防钩或是一个棍棒，这样可以防止门完全关上，同时也可以暗指有消防员在这个特殊房间搜救。

（12）如果可以，在初步搜救的时候就应该使窗户通风。了解建筑物的结构、空隙空间以及建筑用途。了解你身边的热条件，且充分了解如果门窗被打开，这种热条件会迅速变化，因为大火可能朝着你的方向迅速扑入。要确保正常工作的手持式水带能够控制火情。记住，过早通风可能会危害到那些被围困的人和救援人员。

（13）再次搜救的时候检查不寻常的地方（这些是我们找到受害者地方的一些例子）。

（a）浴缸和淋浴房。

（b）衣柜的衣服堆里。

（c）厨房的餐柜里。

（d）窗帘后面。

（e）大型梳妆台。

（14）向事故指挥员告知搜救的进展和火情的发展状况。在许多情况下，这样的进展报告会决定所使用的灭火策略。进展报告会反映这些情况，如需要屋顶通风，需要增架落地梯，需要增援搜救队伍以及铺设水带等。

3. 个人搜救绳

和热成像仪一样，个人搜救绳是保证安全的又一件工具。个人搜救绳可以定义为由一名消防员携带绳具，进行整个组的搜救行动。当在搜救中决定使用搜救绳时，消防员会问的第一个问题是"为什么？"需要使用个人搜救绳的决定因素是什么？如果在执行任务前犹豫是否使用搜救绳，那么应从安全角度考虑，应当使用搜救绳。一条搜救绳并不一定会让你陷入建筑物，相反会让你更加安全地进入搜救行动并安全撤离。

有一次经历可以强调该建议的重要性，那就是发生在一个长200英尺（60.96米），宽60英尺（18.29米），高20英尺（6.10米）的仓库的后门处，该露天仓库采用阻燃建筑型材搭建。一个消防队接到命令对发现火情附近的仓库后半部分进行搜救作业。现场温度不高但有浓烟，它们离地面大概5英尺（1.52米）。指挥员首先想到使用搜救绳，但是他却指挥消防员留在右边的墙边。他根据建筑物的高度和大小，认为烟雾情况不会恶化。遗憾的是，才搜救到40英尺（12.19米）左右，指挥员发现烟蔓延很快，远离墙壁进行搜救作业受到限制。更糟糕的是，其中一名消防员差点晕倒。在那时，指挥员才意识到在最开始情况还算乐观时放弃使用搜救绳并不是一个很明智的选择。

（1）使用搜救绳的规则。下面是使用普通搜救绳的规则，同样也能解释搜救绳在进行搜救行动中是非常重要的救援工具的原因。

（a）随身携带无线通信设备和手持式手电筒的消防员应该始终在搜救区域的门口。在这个位置的消防员应能够搞清楚正在作业的消防员的人数及其身份,通过可携带的通信设备或直接通过说话和搜救组取得联系,保障入口处的安全,防止受火灾变化情况、坍塌事故及入口处大门突然关闭等突发事件的影响。在入口门槛处不是使用个人小型头盔灯,而是放置一台大型手持式电筒,这可以作为搜救队伍的参考。

(b)在快速干预行动中,务必要使用搜救绳,尤其在携带热成像仪搜索例如工厂、办公区或者是商业楼等广泛区域时更需要使用搜救绳。(通常情况下,独户住宅不需要使用搜救绳,因为随时可用墙、窗户和门当作逃生出口。)由于消防员置身于一种不稳定的事故中,搜救绳不仅仅是作为逃生用的安全工具,而且在后背消防队需要任何类型的帮助时,为他们提供直接指导来确定快速干预小组的位置,因此说搜救绳至关重要。

(c)始终标记锚端和扣住搜救绳的活动端。为确定职责,在绳子的锚端上系有持久可识别的标签至关重要,而且要在标签上写上消防局或消防队。另外,把搜救绳的活动端扣在绳包上也相当重要。两位作者都有这样的事故经历,搜救绳没有被扣住,开始滑脱,最后轻易就从绳包内被拽出。我们不知不觉中就失去了搜救绳的保护。

(d)不要携带太多个人绳具以妨碍自己。个人搜救绳有长35～50英尺(10.67～15.24米),直径为8～10毫米,这是最常见的一种。(我们看到一些消防员战斗服的口袋里可以拉出一团长约60米的救援绳,根本看不到绳子的头尾。)指定搜救绳袋与个人搜救绳不同,它们通常是100～200英尺(30.48～60.96米)长,直径为12.70～15.87毫米,专门用于大面积搜救和快速干预等复杂救援行动。需要考虑的非常重要的一点是,搜救绳是一种安全设备,不仅能够提供出去的方向,而且可以在浓烟形势下帮助搜救组减轻过多任务。若是天花板较高,且无法辨别热度的危险性,在有搜救绳的情况下,搜救组可以在几秒内进入建筑物30～40英尺(9.14～12.19米)。若是没有搜救绳,搜救组就要依靠地标、墙壁、光线位置,而这些参考物很快会消失。

大多数有经验的消防员携带不超过50英尺(15.24米)的搜救绳,这种长度的搜救绳可以限制他们进入搜救的距离,以便他们迅速撤离,可以防止消防员有去无回。在以下场合,这有利于防止消防员成为受害者。

(a)快速恶化的火灾状况导致消防员在轰燃中被困。

(b)空气呼吸器中没有足够的空气导致消防员不能回到入口处或是其他安全区域以获得空气补给。

（c）建筑物不结实导致坍塌。

（d）坠落物，如高架仓库、成堆的压纸杆和机器。

设想在一幢充满中度甚至是重度烟雾的建筑内，当你搜救进入到40英尺（12.19米）距离时，搜救绳就放不出来了，它就会阻止你过度进入到前面所提的"一去不回"的危险境地。如图6-3所示，当在浓烟和高热环境下爬行时，一些消防员使用某些"技巧"如数步子，匍匐前进或是做下标记保证安全撤离。虽然这些计策也许会有用，

图6-3 准备好应对有浓烟状况的大面积搜救行动

事实上有经验的消防员会专注听地板发出的声音，使用无线通信设备，感受热度变化，聆听火势变化和受害者所在的地方等。因为当他们在执行重要任务时，如在建筑物里进行搜救，通常情况下，他们不能够集中精力数数。为了防止过度进行搜救任务，更具安全便捷且最行之有效的方法就是使用个人搜救绳具。

（2）个人绳具配备。个人绳具配备非常简单，但是有几个必须遵循的建议。

（a）使用绳索袋而不是把绳子直接放在消防服口袋里。绳索袋不仅能够保护你的绳子，而且提供了一个环以固定绳子的活动端，这样可以保证使用期间绳子不会打结。许多经销商已经拥有个人搜救绳具的绳袋。为了配合消防服上或圆或方的口袋，厂家就设计各种形状及尺寸的绳袋，如图6-4所示。

图6-4 形形色色的搜救绳袋

（b）使用静态绳。虽然它比较贵，但是这种绳子直径为10毫米，耐用且有力，即使在最恶劣的环境下，它也是可靠的。50英尺（15.24米）长的搜救绳很容易塞进绳袋，不增加多少重量，也不占多少体积。再强调一下，在把绳索装进袋子前，不要忘记把绳子活动端系到包上。

（c）建立合适的锚端。搜

图6-5　搜救绳锚端打上8字结、挂上钩环并贴上标签

救绳锚的一端绳扣上系上一个8字结非常重要，同时要把弹簧夹或者钩环固定在上面，如图6-5所示。这使得搜救绳被包围在锚点的位置，同时钩环本固定在绳索锚端而使搜救绳变得更为牢固。

（d）在搜救绳的锚端粘上可识别的标签，如图6-5所示。如果碰到位于入口处的消防员必须进入建筑协助搜救，那么贴上标签的好处就是能够加强追责制。

（e）让绳具便于取得。如果你习惯用右手，我们建议你把绳索放在消防服右边更便于获取绳子的口袋。

（f）把绳袋放在消防服口袋里。绳索掉出来的部分越少，它会带来麻烦的机会也就越少。如果绳袋挂在多功能腰带上或是空呼吸背带上，那么搜救绳很容易会被缠住或者被卡住。固定并保护消防服口袋中的个人搜救绳具。

要想使用个人搜救绳就需要配合使用个人防护装备和空呼器：

（a）伸进口袋，拿出钩环。

（b）把绳子打结系到锚点处。

（c）进入建筑，让绳索自动从绳袋里出来。

如果已经到了绳索的尽头，绳袋会用力地拉口袋里的结，告诉消防员绳索已经不能再拉长了，搜救范围无法进一步扩大。如果绳袋太松了，且会被从口袋里拉出来，因此应该把它固定在口袋上。

6.2　热成像仪

不管是对普通百姓的搜救行动还是快速干预行动，热成像仪都是一种极好的工具。使用热成像仪能够大大提高快速干预小组搜救失踪和迷路消防员的工作效率。虽然热成像仪已越来越多地成为消防部队的常备工具，但其成本十分高昂，对全国的消防部门来说都是一笔可观的花费。平均每台热成像仪的花费在14 000～22 000美元。即使消防部门能够获得热成像仪，消防员必须明白热成像仪不是一个万能工具。以下列举了一些热成像仪不能用的原因。

（1）摄像部分出现技术问题。

（2）掉落或碰撞导致的物理破坏。

（3）电池耗尽。

（4）坠落、滑落导致丧失热成像仪，或是暂时将它埋在废墟或被烟雾笼罩的环境中。

因此，消防员不能完全依靠热成像仪，也不能因为在烟雾中能够看清物体而忽略了搜救的基本规则。他们必须使用久经考验的搜救技巧、后天习得的技能、知识和经验。请参照以下建议，以便在快速干预搜救行动中能够最好地使用热成像仪。

（1）快速干预小组指挥员应该持有热成像仪，为了确定：

（a）墙体、家具、走廊和门厅等的内部结构。

（b）结构性破坏，如地板上的孔洞、坍塌区一级掉落的碎片等。

（c）与搜救行动有关的可锁定起火位置的火灾多发区。

（d）扫描搜救区域寻找受害者的直接结果。

（e）进行房屋搜救的快速干预小组消防员的位置。

（2）如图6-6所示，当快速干预小组指挥员拿着热成像仪前进时，快速干预小组消防员应该用搜救绳，且和指挥员保持联系。如果快速干预小组指挥员或其他任何消防员没有经过如何使用热成像仪的训练或是没有这方面的经验，结果造成他们前进速度较快，很容易和小组分开。即使他们经过训练，在热条件下很容易忘记搜救组的其他成员无法看清前方情况，也不会和那些拿着热成像仪的人走得一样快。

（3）随着快速干预小组进入搜救区，指挥员可以把热成像仪递给另一位小组成员，以便他们也可以扫视下搜救区，在开展搜救行动前可以大

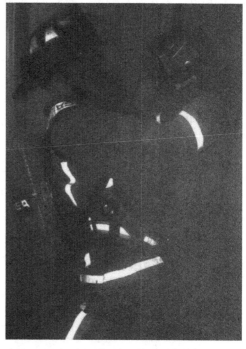

图6-6　快速干预搜救小组利用热成像仪前行

致了解一下内部结构。

（4）如果快速干预小组执行救援行动，热成像仪将有助于使需要做的事情形象化，如解困、打结、清理废墟以及能够对救援产生影响的行动。快速干预小组救援行动所产生的一个问题是，有时候指挥员在搜救过程中承担过多的体力工作。从内在来说，如果指挥员坚持合理使用热成像仪，在某种程度上能够限制插手作业，提高其在监督、通信和安全上的作用。

（5）如果还有一台热成像仪，那么就应该给快速干预小组区域指挥员使用，这样他或她可以观察到内部行动和情况。

6.3　大范围搜救行动

1. 搜救失踪消防员事件的指挥程序

失踪消防员可被定义为被报道失踪，不知其所在位置，或是通过无线电通信设备呼叫多次仍无法取得联系的消防员。搜救失踪消防员需要信息密集行动。搜救失踪消防员行动的最大风险在于任命快速干预小组执行高风险搜救，而消防员却也许不在建筑物里。然而，我们必须考虑到失踪消防员可能迷路或者被困，或许他们：

（1）没有佩戴无线电通信设备，无法及时发出遇险求救信号。

（2）配备无线电通信设备，却因雨水或碰撞而无法使用。

（3）遭遇坠落或者房屋坍塌时从口袋或者腰带丢失无线电通信设备。

（4）因碰撞或者燃烧导致无法操作无线电通信设备。

一旦消防员被报告失踪，事故指挥员必须马上执行以下行动：

（1）证实报告和终止所有不重要的无线电传输。

（2）让火灾现场消防队切换至备用无线电频道（如果可能）。主要无线电频道将保留给事故指挥员和快速干预小组区域指挥员、快速干预小组以及可能失踪的消防员。备用频道用于火场行动，减少快速干预行动造成对通信的干扰。

（3）获取任何可能的有关失踪消防员的信息：

（a）消防员所在消防队和他的名字。

（b）已知最后位置。

（c）火场任务（如屋顶通风，第二楼层搜救等）。

（d）失踪消防员是否配备无线电通信设备。

（e）最后失踪消防员和谁在一起，是否有其他消防员失踪。

（4）告知所有消防队失踪一名消防员并且确认其身份。

（5）指派快速干预区域指挥员进行快速干预和搜救行动，并启动快速干预行动。

（6）所有消防队都需进行火场人员追任制报告。

（7）指派增援消防队进行额外快速干预行动，如果需要，就派遣他们支援先遣快速干预小组或开展额外的搜救行动。

（8）如有可能，事故指挥员必须以进攻的方式保持对着火建筑物的战术控制；这也许需要一个增援响应警报。

2. 搜救迷路消防员的指挥程序

迷路消防员的恰当定义为本人报告自己在着火建筑物里迷路。这个报告基本是通过无线电通信设备收到的。快速干预小组的主要任务之一就是回应迷路消防员的急遇险求救信号，并准备好人员、工具和营救行动计划。一旦消防员发出遇险求救信号，事故指挥员必须立即执行以下行动计划：

（1）确定求救报告，终止所有不重要的无线电传输。

（2）让火灾现场消防队切换至备用无线电频道（如果可能）。

（3）和迷路消防员建立无线电通信联系（如果可能）。

（4）确认消防员的身份。

（5）确认迷路的消防员的位置——哪个楼层、前方还是后方、房间类型、是否靠近窗户、是否有可识别的声音（如汽笛、附近的广播）和是否有光（如安全出口灯、建筑物应急灯、火灾报警闪光灯）等。

（6）确认迷路消防员的情况——空呼器是否发出低压报警、是否受伤、是否被困。

（7）确认周围火情和建筑物结构情况。

（8）为了让附近消防员能够迅速展开施救工作，迷路消防员应不断制造声音（如敲击地板、金属栏杆、打破玻璃等）。

注意：我们必须记住，有些情况下打破窗玻璃这一行为可能会使救援附近区域的火情恶化。

（9）为了让附近消防员能够迅速展开施救工作，迷路消防员应启动个人呼救器，每5秒钟发出一次警报。如果不止一名消防员迷路，为了减少干扰和过高噪音，只能有一名消防员启动呼救器。

（10）指派快速干预指挥员进行快速干预和搜救行动，并启动快速干预行动。

（11）所有消防队都需进行火场人员追任制报告。

（12）指派增援消防队进行额外快速干预行动，如果需要，就派遣他们支援先遣快速干预小组或开展额外的搜救行动。

（13）事故指挥员必须以进攻的方式保持对着火建筑物的战术控制；这也许需要一个增援响应警报。

3. 信息搜集的重要性

行动过程中信息收集至关重要，它能够决定快速干预小组搜救行动的类型、规模以及承担的风险。从迷路消防员处所获取的信息以及有关失踪消防员的信息就能确定搜救行动的规模大小。信息量越少，搜救行动越大。确定搜救行动大小的另一因素则需知晓是否迷路和失踪的消防员超过一名，并确认他们是否在一起开。建筑物大小如楼层面积、楼层数量以及内部配置（如电梯、高架仓库、可移动办公墙）将决定搜救行动的类型。火灾状况和建筑结构直接决定快速干预小组开展搜救作业的程度。结构坍塌将指明快速干预小组可以搜救的区域，这是基于建筑整体性、可用空旷空间以及可能打开通道的区域而言的。

1999年，在一幢长600英尺（182.88米），宽500英尺（152.40米）配备有自动水喷淋的纸品仓库建筑内执行快速干预任务，总指挥员变得毫无方向感，且最后用尽了空气呼吸器里的空气。当由于火情的突然变化，受害者命令消防员撤离建筑物时，许多手持水带和一台集水射流消防车都已经被用来灭火，而火势正蔓延至仓储的纸包处。一条撤退的无线消息和仪器上的汽笛发出了警报。然而，并不是所有在建筑物里的消防员都听到了疏散信号。由于最初的疏散混乱，5名消防员空气呼吸器里的空气变得很少，他们开始没有方向感，最后不得不利用共呼吸法逃离。同时，受害者也变得没有方向感，远离了消防员和水带。于是在所有的其他消防员都转移后，事故指挥员通过无线电通信设备收取到了一个遇险求救信号，该信号从该建筑内一名未知消防员（受害者）那里发出。事故指挥员询问是谁需要帮助，受害者回答说"106号"。他无法告诉事故指挥员他具体所在的位置。事故指挥员告诉受害者他们正在派第一批快速干预小组，71号防化洗消车作为1号快速干预小组以及1号重型抢险救援车作为2号快速干预小组去寻找他。事故指挥员命令所有的无线电通信都限制到最可能小的范围和所有的消防队切换到不同的无线电台。100号消防车（消防局局长）到达现场并获知包括建筑物的最新情况。100号消防车和事故指挥员一致认为搜救行动应为首要任务，他们命令两组快速干预小组都进入仓库进行搜救作业。

在建筑物的南边，有13个滑升月台门和一个标准的旋转门。2号快速干预小组拿着绳子通过其中一个滑升月台门进入建筑物。1号快速干预小组穿上装备，携带好绳具之后，随2号快速干预小组进入建筑内部。2号快速干预小组走向受害者最后出现的地方进行搜救，直到听到3名消防员的空呼器发出低压报警声，他们才走出了建筑物。1号重型抢险救援车的队长和一名消防员继续搜救，直到空呼器发出低压警报，他们才撤离。1号快速干预小组背着能够持续一个小时供气的空呼器在建筑前方区域进行搜救作业，直至空呼器发出低压警报，他们才撤离现场。其间至少有17名增援消防员报道他们在不同时间内进入建筑进行搜救受害者。

增援消防中队组建两个快速干预小组（3号和4号），他们携带增援绳具进入仓库搜救受害者。在整个搜救过程中，受害者通过无线通信设备声称他自己仍处于浓烟弥漫的地方。几分钟内，受害者说他已经用尽了空气，试图通过地板进行呼吸，并询问是否所有其他人员都考虑在内。事故指挥员注意到他的声音很费力且语无伦次。事故指挥员询问受害者是否可用手动激活呼救器，但是没有回应。后来就没有再接受到任何与受害者有关的信息。于是事故指挥员要求互助消防队携带热成像仪前来增援。

建筑内部供电已恢复，2号快速干预小组向事故指挥员报告说他们正在更换空气瓶，并准备返回。事故指挥员告诉2号快速干预小组，简单扼要地告诉其中一个快速干预小组（3号或4号）已经搜救过的位置，随后派遣一支小组进入仓库内。接下来，2号快速干预小组告诉事故指挥员，他们对已经搜救过的地方有一个好主意，要求再次进入。2号快速干预小组、两位队长、4名消防员以及来自互助消防队的拿着热成像仪的消防员联合组成了一个新的快速干预小组。5号快速干预小组进入了建筑物继续搜救。紧跟着搜救绳回到了他们刚搜救过的地方，5号快速干预小组的队长往他的右边偏了一下，发现了受害者。当时受害者已经毫无知觉，没有佩戴头盔、无线电通信设备以及空呼器。队长立即朝其他消防员叫了一声，让大家帮忙把受害者救出建筑物。队长无法把到受害者的脉搏，立即给他进行心肺复苏，直到其他消防员到达。事故指挥员收到了无线信息，告知指挥员已经找到受害者且正在把他往外搬运。受害者的头盔在楼层的某个角落被发现，当时他正在那儿尽全力扑火。他的空气呼吸器在离他约3米处被发现了,而且发现他佩戴着个人呼救器,但没被启动。医疗检查员列举了死亡的原因是吸入一氧化碳而窒息死亡。受害者吸入的一氧化碳程度达51%[12]。这个案件研究表明在一幢浓烟弥漫的300 000万平方英尺(27 870.91平方米)的仓库里搜救一名迷路消防员,且他不能提供他所在位置,这简直犹如大海捞针般艰难。

快速干预小组必须在各种的搜救行动中接受训练,因此,当有消防员失踪或迷路的时候,他们可以适应他们所面临的各种形势。虽然事故指挥员和快速干预小组区域指挥员必须控制事故,获得信息和承担责任,但是搜救失踪和迷路的消防员时,遵循恰当的程序是快速干预小组的责任。这些程序包括:

(1)向事故指挥员报告信息和命令。

(2)确定将需要多少快速干预小组后备队。

(3)决定是否需要一个或更多的消防队进行水源保护。

(4)将确定好搜救绳锚点的位置,且激活热成像仪(如果有的话)。

(5)开始搜救作业前是否需要进行内部情况侦查。

(6)开始搜救行动。快速干预小组指挥员必须领导小组,指导方向和确定风险的程度。只有接触墙体或者需要救援绳索时才可派遣快速干预小组消防员。

通过下面的建议来确定失踪和迷路消防员的位置:

(1)跟随水带进入受害者可能所在区域。

(2)确认遗失工具是否归受害者所有。

(3)在烟雾笼罩的房间或是废墟堆里寻找手持式电筒光束。

(4)听来自个人呼救器或是低压呼吸器发出的有声报警,如果配有无线通信设备,听来自受害者无线通信设备的信息。

(5)听呼救信息、咳嗽、敲击声或受害者制造出的任何声音。

4. 搜救类型

快速干预小组应该熟悉他们也许需要执行的各种类型的搜救。虽然各种类型的搜救在某些方面相同,其他方面却很不一样。快速干预小组需要熟悉下面每种搜救类型的搜救过程。

(1)单入口点搜救。如图6-7所示,单入口点搜救是指基本快速的派遣,从单一入口点进入受害者最有可能在的地方。该搜救行动的目的在于进行一次快速而基本的首次搜救,为了给搜救和救援行动提供侦查信息,为了帮助更快地执

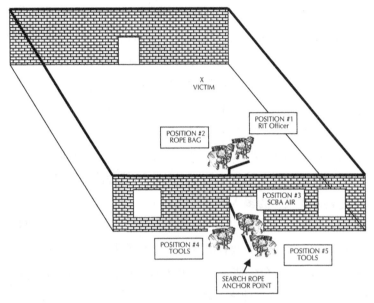

图6-7　快速干预小组单入口点搜救

（X victim：某受害者、POSITION 1 RIT Officer：位置1 快速干预小组指挥员、POSTION 2 ROPE BAG：位置2 绳袋、POSITION 3 SCBA AIR：位置3 空气呼吸器空气、POSITION 4 TOOLS：工具、POSITION 5 TOOLS：工具、SEARCH ROPE ANCHONR POINT：搜救绳索锚点）

行失踪和迷路消防员的救援。

单入口点搜救通常在下面的情况下使用：

（a）独户住宅、城镇家庭、公寓和小的商业建筑物。

（b）结构坍塌建筑，几乎没有空隙和没有入口点。

（c）密闭空间倒塌事故，这种情况一次只能进行一次搜救行动，因为如果有增援搜救组进行救援行动，可能会有第二次坍塌的风险。

（d）几乎没有门窗的建筑物，或者银行和金融交易机构等高度安全建筑，这些建筑都采用钢制和玻璃纤维墙体、地板和屋顶。

为了执行单入口点搜救，快速干预小组将会：

（a）使用任何可使用的工具或具体的信息来确定迷路消防员的位置。通常情况下，根据消防员受害者可能所在的位置信息能够确定最佳入口点。

（b）进行侦察。从入口位置，快速干预小组指挥员会就会进行风险评估，做出是否进入建筑搜救的判断。这样的侦察也许会揭示出离受害者最近的入口点可能是最危险的地方（如明显的坍塌和严重的火灾状况）。

121

（c）使用一条搜救绳，在入口点固定住绳的一端，随着搜救行动不断展开，搜救绳袋也不断进入到建筑内部。确保搜救绳固定在门框、门把手、护栏、护柱等坚固且显著的锚点上。记住拉紧绳具，这样就更容易跟随它，而且能够减少绳索被悬挂起来的可能性，尽可能使用绳子原先的长度。

（d）若可能的话，使用热成像仪来帮助协调搜救和确定受害者的位置。

（e）搜救现场如果需要，使用水带进行保护。

（f）如果快速干预小组进入建筑物几米之后，由于部分地板被烧穿而不能继续前进的话，这种情况下，第二个快速干预小组就会从另一个入口点进行搜救作业。这种搜救方式就称为多入口点搜救。

（2）多入口点搜救。如图6-8所示，快速干预小组的多入口点搜救行动是指那些需要"各个击破"的 难于搜救的区域。当建筑物或是建筑物的某部分被分成几个区域，至少需要一个快速干预小组区域指挥员来监督搜救形式。快速干预小组指挥员从指挥站监督搜索行动。无论有没有获取受害者信息，这种普通搜救行动快速、有效。在以下情况会使用多入口点搜救：

（a）地下搜救行动，如地下室、下层地下室、地窖；或者地下地铁站等地方，

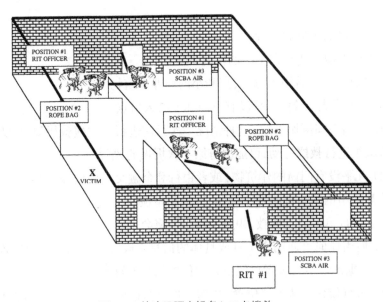

图6-8　快速干预小组多入口点搜救

（X victim：某受害者、POSITION 1 RIT Officer：位置1 快速干预小组指挥员、POSTION 2 ROPE BAG：位置2绳袋、POSITION 3 SCBA AIR：位置3 空气呼吸器空气、RIT 1：1号快速干预小组）

窗户、出口门、人行道通道门、入口隧道以及二级楼梯都可被用作入口点。

（b）大面积搜救行动，如住宅区、高楼层办公楼、商业建筑以及工业建筑，多扇门、月台门及楼梯井都可被用作入口点。

（c）大型坍塌事件（如独户住宅、多户住宅、商业工业建筑因火灾损害、水载荷、翻修造成的结构部件损坏），这种情况也有几个入口点可用。

这次搜救行动的目标是为了让两个快速干预小组或多个快速干预小组迅速搜救更多区域，且在有利位置营救受害者。迷路消防员最初也许是通过燃烧商店的前门进入，第一个快速干预小组也许也是从前门进入，而第二个快速干预小组会从后门、窗户甚至是在墙壁上破拆一个通道作为第二个入口点。受害者也许非常接近后门，随即被发现。

第一个快速干预小组因火灾状况、结构坍塌问题、高度安全系统或者一头封闭的走廊和楼梯等因素无法从一个进入点进入时，另一个快速干预小组会马上建立第二个进入点。有时候，这种备用搜救入口点的建立并不简单。举例来说，一些备用入口点需要破拆墙壁、打开高度安全系统，从停车场拖走卡车或者从危险建筑物内进入。

为了执行多入口点搜救，快速干预小组会：

（a）使用任何可使用的工具或具体的信息来确定迷路消防员的位置。

（b）使用一条搜救绳，在入口点固定住绳的一端，随着搜救行动不断展开，搜救绳袋也不断进入到建筑内部。

（c）若可能的话，使用热成像仪来帮助协调搜救和确定受害者的位置。

（d）搜救现场如果需要，使用水带进行保护。

（3）大面积搜救。快速干预小组大面积搜救行动牵扯到协调好各种力量，包括使用搜救绳、至少需要4名消防员组建一个快速干预小组、携带便携式无线通信设备以及手动工具（包括红外热像仪）。在以下建筑物里可能会采用大面积快速干预小组行动：

（a）超市。

（b）学校和健身房。

（c）汽车修理库和保龄球场。

（d）礼堂、剧院、体育场和竞技场。

（e）大型购物中心和超级商店。

（f）高层办公楼。

（g）工业建筑物、仓库和冷藏库，如图6-9和6-10所示。

救援人员不仅要进行大面积搜救，而且必须安全经过迷宫式的通道和复杂布局的建筑。因为快速干预小组大面积搜救行动是属于劳动密集型工作，与单入口点救援行动相比更为复杂。这种大面积搜救行动需要全体快速干预小组的消防员经过充分的综合性训练才能胜任。在大面积搜救行动过程中，我们会调拨大量消防员，这无疑会产生其他的问题。通过使用"各个击破"的策略，即把建筑物划分为几个区域，然后搜救受害者最有可能在的区域，这样任何大面积搜救行动都可以尽可能的被简单化，这一点是至关重要的。每一个消防队都接受了许多程序的训练，但是经验不断地告诉我们，训练技能必须根据建筑类型和当前的火灾状况不断加以改变。在快速干预小组进行大面积搜救时，事故指挥员通过限制火灾蔓延、屋内通风等措施来改善火灾状况，这也非常重要。万一烟雾状况越发严重，坍塌迫在眉睫，快速干预小组其中一个成员受伤需要救助且需要即刻撤离，或其他成员必须返回补充空呼器空气，这时候快速干预小组因为安全问题就不得不依靠搜救绳了。曾经有过这样的事故，有报道称消防员失踪或被困在烟雾中，事故指挥员随即发号施令指挥疏散。如此，灭火行动受到阻碍，因为当时重心已经转移到救援工作上面（如快速干预小组大面积搜救、与受害者交流、追责制等）。常规灭火救援行动已被遗忘。从（美国）国家职业安全与健康研究院曾调查的死亡事件中我们得到了教训，此类救援行动中，消防员发出遇险求救信号之后，屋顶通风工作还没完成。若是烟雾状况能够得到改善，受害者逃生的可能性就会大大提升，快速干预小组的搜救工作或许能够大获成功。

铺设水带和通风措施对于控制火灾来说同等重要，它们可使快速干预小组的大面积搜救工作获得成功可能性提高。遇险求救信号发出之后，水带的运用是通过降低热度、减少坍塌风险来改善火灾状况，且在有些情况下因使用水带而可以关闭一些运行中的水喷淋系统。在冷烟雾事故中，打开置于天花板上的水喷淋喷头可以使环境湿润，而且可以冷却温度不断攀升的热烟，这样就可以防止浓烟覆盖到地板上。要想把这种类型的烟雾排放出去困难重重，除非关闭水喷淋，否则有时难以实现。

大面积区域和高层建筑发生火灾需要搜救失踪、迷路或被困消防员时，采取积极灭火行动至关重要，否则在遇到遇险人员求救事故中，快速干预小组就会竭尽全力将自己置身于实际并没有极度危险的境地。如果缺乏灭火行动也会减少遇险人员待援逃生的机会。

图6-9 典型的20世纪建筑：冷藏库，18英寸（45.72厘米）厚的外部软木绝缘墙壁以及磨坊式的地板和屋顶

图6-10 现代冷藏库，坐拥3个单独的10 000平方英尺（929.03平方米）的冷藏大楼

（4）大面积搜救通信。鉴于快速干预小组进入大型建筑需要承担高度风险，他们需要使用搜救绳来寻找失踪消防员，而且每一名成员需要佩戴无线通信设备。理想的情况下，该通信设备频道应该专门供搜救行动使用，但是专用的无线频道也能用于整个快速干预小组行动。我们的目标是为全面快速干预小组行动设专门的频道，以免火场消息干扰无线通信设备的使用。

口令是当地每个消防队的责任。由于口令会有差异，例如，区域口令、小组口令等，因此我们要选择基本的搜救口令。"前进"、"返回"、"停止"、"向右转"和"紧急情况"都是简洁有力的口令，都可通过无线通信设备传达或者面对面交流。经验证明口头交流比使用绳具拖曳的方法更受欢迎。绳具拖曳法即OATH系统（拉一下＝没问题，拉两下＝前进，拉3下＝收紧绳索，拉4下＝求救）。救援人员不仅会误解绳具拉的次数而且也可能会不清楚它们的意思。有时候搜救绳具会缠绕在一个物体上，有时候救援人员无意间跪着压住了绳索，这样就起不到应有的作用了。为了使快速干预小组成员在执行大面积搜救作业时能够了解和使用合适的交流，每一位成员都需要接受必要的训练。

（5）快速干预小组大面积搜救用普通绳具。任何被派遣执行大面积搜救的快速干预小组有必要使用主要（大面积）搜救绳，它也适用于使用热成像仪执行搜救任务。大面积搜救使用的绳具中，其类型、尺寸和长度各不相同。静态绳因其强度、耐久性及可用性等特性而受到本书作者推崇。

所使用的大面积搜救的主要绳具的直径可以不同，但是目的是相同的，就是绳索足够粗可以握住，且用戴手套的手能很容易地确定位置。因此，推荐使用直径约11毫米的搜救绳。有些静态绳表面编入荧光材料，这样有利于搜救，但有些消防队因其价格昂贵负担不起。推荐使用长度为200英尺（60.96米）的搜救绳。绳索前50英尺（15.24米）的部分是在外部锚点和开始搜救点之间使用。这段距离的绳索可以通过在50英尺处系上一个反手结作为标记。打大型绳结（如蝴蝶结或八字结）带来的不便就是它们悬在绳袋里以至于不能顺畅地使用搜救绳。一些经验显示，如果大型绳结被紧紧困在绳袋里，救援人员要去拉它，那么整个绳袋里的绳子就会倾倒在地。因此，把标识结打小和尽可能少打结，是很重要的。如果把前50英尺绳索固定在建筑外的一个静止物体上，那么这段距离的绳子很快就会被用完，随即绳子就会被带进建筑内（例如，将绳子固定在卡车停车场外的防撞立柱，然后进入工厂）到达开始搜救点。这样还剩下100～150英尺（30.48～45.72米）长的可控绳索供救援人员搜救使用，当他们因缺乏空气、结构不稳定或者火灾状况变化必须及时撤离建筑物时,搜索绳就会派上用场。若救援者需要更长的主要搜救绳来扩大搜救范围,快速干预小组指挥员或者事故指挥员必须谨慎考虑救援者可以进入建筑物的范围。此时,可以派遣增援搜救队伍从备用进入点进入,因为该进入点或许离扩大搜救区域更近。

另外还有大面积搜救的备用绳,一般这种搜救绳直径更小,主要用以辅助主搜救绳。推荐使用直径约为10毫米的搜救绳,长度小于50英尺,这样可以使救援人员有一段活动距离,但又不像主要搜救绳那样可以移动更长距离,且备用绳具的材质最好使用静态绳。

为了进行大面积搜索,快速干预小组将会:

(a) 确定入口点(如月台门、人行小门)。和快速干预小组的多入口搜救一样,需要识别一切可能的入口点和需要派遣大面积搜救行动的次数。塞住作为入口点的任何一扇门,尤其是因为高热导致门和门轨变形的卷帘门和滑升月台门。使用落地梯,从下方阻塞门,或者把虎钳夹口钳固定在门轨里来防止门滑动,这些都是来阻止升降门滑动的常见方法。

(b) 决定在搜救行动中是否需要水带。对火势、热度和烟雾状况的评估能够确定是否需要水带,这不仅仅是为了灭火而且也是为了安全考虑。水带沿着搜救绳向前铺设,它也可以作为进出搜救区域的备用向导。如图6-11所示,升降卷帘门内有浓烟和热气。

(c) 在入口点设置快速干预小组大面积搜救行动。在派消防员进入建筑物内部时必须先完成以下几点:

(i) 获得最新的"受害者信息"(如地点、状况等)。

(ii) 在入口处外面固定一根长为150～200英尺(45.72～60.96米),直径为11毫米大面积搜救用静态绳。

(iii) 分配搜救位置。快速干预小组的搜救位置的分配是基于训练过程、责任制、安全性和使行动尽可能简单化方面考虑的。推荐以下位置:

快速干预小组指挥员处于1号位置。1号位置承担搜救组领导的责任,并拥有热成像仪。1号位置按需可沿着主要搜救绳灵活移动,可判断内部布局、建筑状况、热度,并且能够和快速干预搜救组保持面对面的问责。我们推荐1号位置的指挥员和其他位置人员一起进入搜救区域以指导搜救行动,评估风险等级,监控空呼器空气消耗,与锚点位置保持联系,并且能够利用热成像仪协助搜救行动。但必须指出的是,快速干预小组指挥员携带、部署和控制搜救绳时,1号位

图6-11 升降卷帘门内有浓烟和热气

置可能会遭遇极端环境(如高风险、浓烟等)。

　　绳袋布置在2号位置。2号位置会使用150～200英尺(45.72～60.96米)的主要搜救绳,也会让每位成员携带最长为50英尺(15.24米)的备用绳。备用搜救绳上应该在绳子活动端上安有可迅速固定在主要搜救绳上的夹子或钩环。2号位置搜索走廊、开放区域、房间以及和其他受害者可能在的任何地方。最初,2号位置与快速干预小组指挥员合作,但一旦增援救援位置建立起来,被派遣到搜索区域的其他消防员将按照快速干预小组指挥员指示分为两人一组工作。

　　空气呼吸器/绳索控制布置在3号位置。3号位置应该有一名快速干预小组成员守在主要搜救绳的位置,在那里搜救组成员使用剩余的主要搜救绳或备用搜救绳搜索走廊、开放区域、楼梯间、机房和办公室。3号位置必须有一个指向搜救组成员的大型手持式手电筒,如此便可通过追随消防员战斗服上的反光条和手持式手电筒与他们保持视觉接触。此外,3号位置还需要在搜救区配备一台热成像仪以监控搜救和火灾状况。3号位置因配有快速干预小组空呼器空气系统,因此很难迅速移动进行搜索。3号位置可以在搜救绳上保持更加固定的位置,如果需要时刻做好快速干预小组空呼器空气补给工作,这就是该位置的优势所在。

4号位置的搜救人员可以携带额外的绳索和工具，且可以在搜救组入口处安排一名成员来帮助搜救行动。如果快速干预小组搜救人员被限制到4名，4号位置的人员要么被安排在搜救组的入口处（5号位置），要么执行搜救行动，这取决于快速干预小组指挥员的决定。

　　5号位置负责把大面积搜救主要搜救绳固定在入口点、小组追责制、设置入口点探照灯、评价火灾和结构状况以及保持与内部搜救队伍的联系。

　　（d）检查快速干预小组的装备。快速干预小组指挥员必须证实所有必需装备全部到齐且可用。这种搜救行动和快速干预小组的单入口点和多入口点搜救行动的不同之处在于救援人员进入建筑进行搜救的程度不同。如果快速干预小组成员没有可用的手电筒和无线电通信设备，也没有备用搜救绳，那么在浓烟的情况下再往回爬行100英尺（30.48米）路程去取其他装备，已为时晚矣。这会使快速干预小组成员、其他小组成员以及迷路或被困消防员陷入极大的危险之中。

　　（e）进入搜救前，快速干预小组指挥员必须检查所有快速干预小组成员的空气呼吸器的空气情况。必须时刻谨记这是一次需要有高度纪律性的小组行动。在搜救行动中，一旦一个空气呼吸器出现低压警报，在大多数情况下搜救行动必须停止，直到空气呼吸器的空气得到补给，只有这样才可恢复搜救行动。如果形势允许使用搜救绳，那么快速干预小组所有成员的空呼器必须始终拥有充足的气量。

　　（f）从入口处评估一下搜救区域的内部布局。推荐使用热成像仪来完成该任务。快速干预小组指挥员在开始搜救前，应试图侦查所面临的任何危险或困难，如井、坑、洞、坍塌的区域、缠绕问题、混乱的高架仓库通道、机器以及整体火灾状况。

　　（g）（如果可能）树立一个500瓦的探照灯来照亮入口点。如果没有这种型号的灯，我们推荐使用一种大型的手持式手电筒。在入口点设立一个探照灯的作用不仅仅是提供照明，还能够给逃生出口提供一个视觉路标。

　　（6）快速干预小组大面积搜救的模式。大面积搜救的模式取决于3个主要因素：

　　（a）关于受害者所在点的信息。

　　（b）建筑物整体结构：室内墙体、房间数量、家具布局、走廊、货物、仓库、重型机械及总体家务情况。

　　（c）掉落物体（如天花板砖等）碎片数量。

以上任一因素都会决定和改变搜救模式。关键是快速干预小组需要接受训练且训练方法多种多样,因此就算是考虑到所有风险,搜救行动还是要克服许多障碍来找到受害消防员。必须重申一下任何快速干预搜救模式必须基于简单基本、能够快速部署,所有救援都能够充分理解,而且高效又安全。

(7)搜救模式。如果一个迷路消防员在300 000万平方英尺(27 870.91平方米)的建筑物里发出遇险求救信号,而且通过个人呼救器、大喊以及手持式手电筒多少能够判断受害者的位置,火灾状况和建筑物的稳定性不仅能够决定搜救模式,而且可以确定搜救行动可以深入建筑物的程度。以下是大面积搜救行动中使用的各种搜救模式。请注意每种模式的异同之处。

(a)墙面搜救模式。如图6-12所示,墙面搜救必须沿着墙壁进行。使用主要搜救绳和备用搜救绳沿着墙壁开展搜救工作。在决定是需要大面积墙面搜救还是其他搜救模式时,火灾状况、建筑建构情况以及受害者信息等是决定利用哪种模式的决定性因素。如果火灾状况非常严重或者出现冷烟情况,就需要利用墙面搜救进入建筑。一旦进入建筑物,外墙就可作为搜救的起点,这样就可允许快速干预指挥员了解内部情况,并给增援搜救小组搜集信息。一般来说,墙壁会让你更好地搜救区域的布局,而且能够指引救援人员从建筑物撤离。许多消防

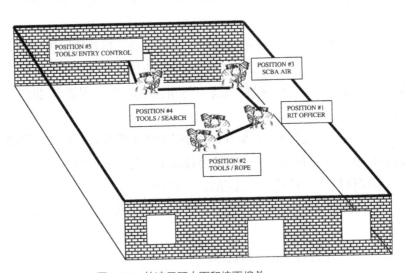

图6-12　快速干预大面积墙面搜救

(POSITION 1 RIT Officer:位置1 快速干预小组指挥员、POSTION 2 TOOLS/ROPE:位置2 工具/绳索、POSITION 3 SCBA AIR:位置3 空气呼吸器空气、POSTION 4 TOOLS/SEARCH:位置4 工具/搜救、POSTION 5 TOOLS/ENTRY CONTROL:位置5 工具/进入控制)

员被发现离外墙很近,但却不能找到窗户或是门来逃离。一般来说,消防训练鼓励迷路消防员试着在外墙找到逃生的窗户或门。因此,当只有一点点关于受害者位置的信息时,墙是开始搜救行动的很好出发点。

(b)扫描搜救模式。一旦快速干预小组到达进行搜救的区域,1号位置和2号位置的人员可以从3号位置进行扫描搜救。但是必须提醒的是,3号位置负责快速干预小组的空气呼吸器系统和工具,它们从本质上给快速搜救行动带来一些困难。另外,该位置也是快速干预小组指挥员的"检查点",以防急需补给空呼器空气。快速干预小组对墙壁、家具、机械装置及其他障碍物进行扫描搜救,如图6-13所示。

(c)标记加注法扫描搜救。如图6-14所示,标记加注法扫描搜救是大面积寻找失踪消防员的一种非常有条理的扫描搜救。随着救援人员把备用搜救绳连接到主要搜救绳上,并向外部署备用绳具,他们大概相互距离为一个手臂长。一旦处于所在位置,救援人员在备用搜救绳所在的位置标记加注,尽可能彻底迅速覆盖搜救区。一旦救援人员回到主要搜救绳所在的位置(以合作的方式),快速干预小组指挥员带领搜救组朝前搜救或派他们去相反的方向搜救。

(d)点球式搜救模式。无论是主要搜救绳还是备用搜救绳搜救,都可以使

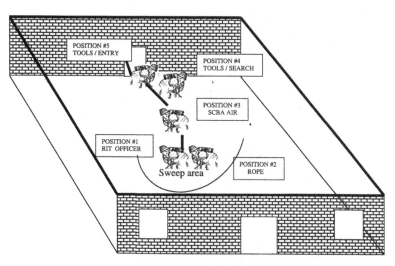

图6-13　扫描搜救模式

(POSITION 1 RIT Officer:位置1 快速干预小组指挥员、POSTION 2 ROPE:位置2 绳索、POSITION 3 SCBA AIR:位置3 空气呼吸器空气、POSTION 4 TOOLS/SEARCH:位置4 工具/搜救、POSTION 5 TOOLS/ENTRY CONTROL:位置5 工具/进入控制、Sweep area:扫描区域)

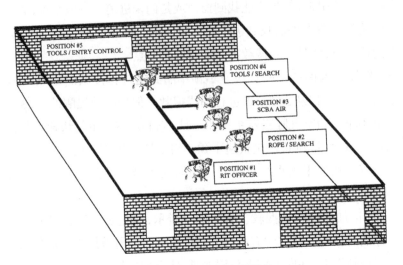

图6-14 标记加注法扫描搜救

（POSITION 1 RIT Officer：位置1 快速干预小组指挥员、POSTION 2 ROPE/SEARCH：位置2 绳索/搜救、POSITION 3 SCBA AIR：位置3 空气呼吸器空气、POSITION 4 TOOLS/SEARCH：位置4 工具/搜救、POSTION 5 TOOLS/ENTRY CONTROL：位置5 工具/进入控制、Sweep area：扫描区域）

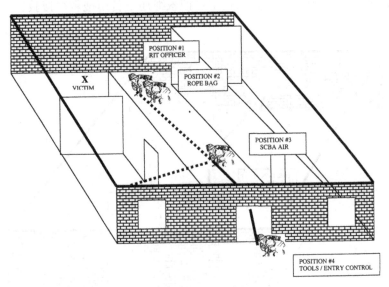

图6-15 点球式搜救模式

（X VICTIM：某受害者、POSITION 1 RIT Officer：位置1 快速干预小组指挥员、POSTION 2 ROPE BAG：位置2 绳袋、POSITION 3 SCBA AIR：位置3 空气呼吸器空气、POSTION 4 TOOLS/ENTRY CONTROL：位置4 工具/进入控制）

用点球式搜救模式。如图6-15所示，该搜救模式是为直线路径型搜救，像沿着墙、走廊、过道、楼梯间，以及造成的密闭空间而设计，这是最简单的搜救模式之一。根据搜索区域面积大小，确定一个或者多个救援人员在部署搜救绳具时向前行进。搜救工作一旦结束，救援人员就要拉紧绳具返回至出发处，移动到另外的走廊或过道。若是需要搜救一个封闭的区域，点球式搜救模式是其中最可靠的搜救方式，这种搜救模式可以让救援人员进行迅速搜救。另外，救援人员会迅速进入不稳定的危险境地，我们意识到这一点是很重要。因此快速干预小组指挥员始终监督这种搜救模式非常关键。一旦确定受害者所在位置，无论是对其进行拖曳救援还是解困救援，指挥员必须对施救方式做出决定。如果采用拖曳救援，那么随着救援人员返回到主要搜救绳位置，处于主要搜救绳位置的3号位置人员需始终拉紧绳索，这一点相当重要。若受害者需要解困，救援人员在尽可能靠近救援区域附近系好搜救绳，且把搜救绳拉紧，这十分重要。这样做的目的就是让救援绳具变得直而有力，更能引导救援人员从建筑内逃出。如果需要增援救援人员或者情况恶化，救援人员可以仅仅抓住搜救绳并从建筑内撤离。

5. 快速干预小组大面积搜救行动一览表

（1）确定快速干预小组大面积搜救入口点。

（2）将建筑物划分区域。

（3）决定是否需要水带来辅助搜救行动。

（4）分配大面积搜救位置。

（5）获得最新的受害者信息。

（6）固定主要搜救绳。

（7）检查基本装备。

（a）主要搜救绳：1根长150英尺（45.72米），直径为11毫米的静态绳。

（b）备用搜救绳：2根长35 ～ 50英尺（1.67 ～ 15.24米）之间的静态绳。

（c）至少4台有同一专用频道的便携式无线通信设备。

（d）备用空呼器或者备用供气系统。

（e）手动工具。

（f）热成像仪（如果可用）。

（g）快速干预小组人员检查空气呼吸器的气瓶压力。

（h）快速干预小组所有人员有手持式电筒。

（8）判断内部情况（如火灾状况、高架仓库、坑、机器等）。

（9）在入口点树立500瓦的探照灯（如果可能）。

（10）简化搜救计划和确认小组责任制。

（11）在5号位置记录进入时间。

（12）部署快速干预大面积搜救小组。

第七章　消防员搬运救援方法

消防员搬运救援方法是消防员在进行入职培训时必须教授的技能。由于在灭火作业中,无论消防员的级别职能如何,都有可能需要进行消防员搬运作业,因此,消防员搬运救援技能与其他消防员自救方法同等重要。在许多情况下,总指挥员与水泵操作员一样都需要架起落地消防梯与定位云梯到达窗户和消防出口去救援被困消防员。搬运救援包括楼层拖移、绳具牵引系统搬运或者消防梯搬运。了解消防员在火灾中成为受害者的原因是相当重要的。

（1）空气呼吸器出现故障或者操作失误。

（2）消防员因独自一人迷失方向而将空气呼吸器气体使用殆尽。

（3）由于建筑物坍塌导致消防受牵制或被缠绕。

（4）消防员迷失方向导致处于孤立无援的境地甚至迷路。

（5）消防员受伤、缠绕或被困。

（6）消防员突发心脏病、中风或热应激等紧急医疗事故。

当要决定如何搬运救援消防员时,应当考虑到的两个最重要的方面是:

（1）被困消防员所处位置。采取何种措施来救援被困消防员,很大程度上取决于该消防员所处位置以及他是如何进入到该地点的。例如,弄清楚消防员是如何跌入下水道,以及是否有台阶可供使用,或者其所处位置是否足够坚固以实施搬运救援行动,决定了采取何种抢救措施。在这种情况下,消防员不仅要考虑到第四章中谈到的消防员自救,而且要考虑到消防员对被困消防员的救援。任何消防员搬运救援办法都应能够灵活变通。在方案A有可能不会成功时,就需要通过经验、智慧和团队协作来制订方案B,甚至是方案C。

（2）火灾的种类及建筑物现状。许多登记在案的消防员被困的事故中墨菲定律被多次验证。墨菲定律即任何可能出错的事情都将出错。无线电广播通信故障、水带爆裂、建筑物发生坍塌、分工不明导致无法追责,甚至其他更多的已知问题都在有报告消防员迷路、失踪、受困,甚至消防员遇险发出求救信号时发生过。用之前消防员被困地下室事件为例,方案A是要把遇险人员拉到楼梯上,但是发现楼梯非常脆弱而无法实施该方案,那么方案B应该是怎样的呢?方案B是对楼梯底部加固,方案C是通过落地梯在楼梯顶端进行桥接以分散重量,甚至可以同时采用方案B与方案C,从而为总动荷载超过600磅的救援人员和遇险人员提高稳定支撑。另外,可以运用简易牵引系统安装救生篮,使之沿着梯子滑动。

但是,不要忘记时刻存在的墨菲定律。如果楼梯仍不够坚固或没有足够的空间将受害者辗转搬运到楼梯上怎么办?是的,你想到了这一点,我们还需要方案D。显而易见,这个时候因时间有限,搬运被困消防员进行救助行动的形势非常不利。与此同时,不断恶化的火灾状况、可能发生的坍塌、空呼器空气即将耗尽、受害者的情况以及救援人员的疲惫和紧张情绪等都让救援形势越发不明朗。

7.1 失败案例研究

1976年11月22日,芝加哥发生了一起五级警报的火灾,该火灾发生在联邦爱迪生发电站。如图7-1所示,燃煤输送机其中0.25英里(402.34米)长距离部

图7-1 火灾后第二天,联邦爱迪生发电站和部分坍塌输煤溜槽

分发生坍塌并影响到85英尺（25.91米）高的屋顶。发生坍塌时，来自13号水泵车中队的沃尔特·瓦特波（Walter Watroba）与另外两名消防员一起正在使用水带。尽管3名消防员都被困住了，他们中的两个人还是成功逃出且迅速获救了。而消防员瓦特波被数吨重的钢铁与水泥困在了这座8层发电站的屋顶上。当输送系统发生剧烈坍塌之后，消防员们均被认为已安全就位，废墟外的消防炮被几个中队迅速调整位置，但不久就在电力车间房顶边缘处发现一道透过浓烟的手电亮光。当瓦特波被发现时，只能看见他的头部，他身体的其他部分被埋在了碎片之下。他以坐姿被困在了一堵外墙里面。当10×10平方英尺（9.29平方米）的输送系统完全剪切时，掉落在他大腿上，压断他的双腿。他的腹部受到严重创伤，左腿因重伤无法救治，右腿被死死地压在了数吨重的钢筋与混凝土之下。

对消防员瓦特波实施的最初救援工作包括：由举高车队将一部55英尺（16.76米）高的举高消防车完全展开，将一架30英尺（9.14米）长的直梯固定在举高平台，以触及85英尺（25.91米）高的电力车间房顶，如图7-2所示。当消防梯被固定在举高平台，第一个拯救瓦特波的消防员发现，梯子顶端稍微比屋顶矮了几英尺，这使得救援瓦特波行动成了一个极具危险性的平衡行动。随后又发现，即刻需要铺设

图7-2 芝加哥发电站发生火灾，从85英尺高的屋顶搬运救援消防员沃尔特·瓦特波

水带，因为倒塌的输送机槽中的大火迅速向受害者移动。于是，救援人员只好返回举高平台，拿了一个1.5英寸（3.81厘米）小口径水带回到屋顶。一到达屋顶，救援人员就试图将水冲到输煤溜槽中，以期击退受困消防员身后的大火。但是接下来，由于救援人员在消防梯的位置不稳定，加之结冰的影响，他开始控制不住喷嘴。救援人员把水带递给了瓦特波。他直接将水流喷到输煤溜槽，控制住了大部分火势。当一些碎片、烟雾以及蒸汽被清除后，人们发现瓦特波被困在18英寸（45.72厘米）宽的屋檐上。负责救援的消防员迅速凭借部分墙体，把受害者固定在绳索上，用绳子确保他的安全，使他不会掉进他左边的一个宽的裂隙

中,而这个裂隙刚从他左侧迅速坠落。

在这次救援过程中,仅仅只有两名消防员能进入到受害者附近区域,从对消防员瓦特波救援行动开始以后,以下这些情况让救援人员困了7个半小时:

（1）时间。时间的紧迫性,因昏厥、挤压伤、吸入烟雾、暴露在华氏28度（摄氏零下17度）的温度下,再加之大风、大雪,受困消防员的健康状况持续恶化。

（2）二次坍塌。建筑在第一次坍塌后变得非常脆弱,因此,救援人员无论何时试图使用建筑的任一部分作为液压或气动工具的操作台,都存在进一步坍塌的风险。

（3）一天中的时间段。坍塌及救援行动发生在夜间,地点在难以提供照明的地方。

（4）天气。救援人员必须在极度寒冷的冰雪天气情况下开展长时间的救援活动。

（5）医疗及救援设备的运输。液压以及气动工具以及许多手持工具必须从地面被运输到85英尺（25.91米）高的救援实施区域。

（6）设备及工具的可用性。由于只能通过架梯传送工具,很难将工具迅速地传送到救援实施区域,导致了救援方案实施延误。

（7）通信交流。虽然可以通过无线广播进行通信交流,当由于其经常无法实现完整交流或受到限制,对不能进入到救援实施区域的主要指挥员与很难说明救援进展或障碍的救援人员之间的交流造成了极大障碍。

在清除松散的碎片之后,受困消防员被询问有无可能自行从被困地点中出来,答案是不可能。这样,一台赫斯特扩张器被运到救援地点,这台设备可产生20～30吨的扩张力。救援人员打算顶起巨大的输煤溜槽以缓解瓦特波的双腿。然而人们发现,考虑到输煤溜槽的重量及建筑外墙的不稳定性,移动输煤溜槽有可能引发更大规模的坍塌。于是,赫斯特扩张器被送回,拿来了高压气囊。由于没有可用的足够坚实的地面,气囊也无法工作。接下来人们试图使用风凿,但是由于位于钢衬槽周围的水泥的密度,当它被凿时,水泥只会变成粉末而不会成块状断开,人们切断瓦特波双腿周围的部分输煤溜槽的意图被打碎了。在这段时间里,受困消防员靠吗啡以镇疼痛。

5个小时过去了,人们开始变得绝望。使用起重机举起输煤溜槽的提议被否定了,因为将其安装到位难度很大而且时间不允许,接着动用直升机使用空中起重机的提议也被否定了,因为考虑到坍塌的输煤溜槽的大小及重量。伴随绝望的出现,由于在救援瓦特波过程中出现的持续失败,救援人员出现了挫折、疲惫以及情绪反应[13]。

将近7个小时的时候,人们决定尝试截肢以救援被困消防员。一位来自消防部门的医生,虽然不适应现场恶劣危险的环境,但是他迅速地投身到这场救援活动当中来。右膝以上的截肢只用了几分钟,但是昏厥、暴露以及心理或精神上的创伤对瓦特波来说太严重了。瓦特波在被困7个半小时还未到达医院时,不幸壮烈牺牲[14]。

这场非常悲惨的事故意在向所有救援人员说明,尽管拥有最先进的救援工具、经验、训练,还是存在无论如何努力也无法成功救援受困者的案例。

7.2　消防员早期救援(IFR)步骤

火灾状况类型将决定使用搬运救援法的类型与时间。搬运救援被困消防员应当尽可能快速。当火灾状况非常恶劣,且尝试进行搬运救援之后,还是没有可使用的特殊的救援方式。在这种情况下,就需要“抓住就走,好使就行”的方式了。设想当正在楼内攀爬楼梯时,突然听见在靠近顶层的楼梯平台处传来个人呼救器警报声。当爬到顶端的台阶时,大火已经在你的头顶上面燃烧,而被困消防员就距离你3英尺(0.91米)远。无论是否能够拿到水带,这种情况在任何时刻都是很致命的。在这种时刻,救援消防员应该抓住受害者的任一部位,拉向楼梯,并从楼梯上滑下,快速逃出高温区。救援人员没有使用任何曾受到培训的特殊的搬运救援方式逃生。在这种情况下,最重要的事情就是在任何可能的情况下救援与逃生。

下列术语是用来解释火灾状况等级的:

轻度　几乎没有或没有热,也无轻微烟雾。

中度　轻微热度,烟雾几乎逼近地板,浓度增强。

重度　带刺痛的高热,有浓烟。

1.重度火灾状况

(1)“抓住就走。”快速抓住受害者从危险的环境下逃生。

(2)拖曳被困消防员。尽力把受害者拖到安全的地方(如火灾以下楼层、附近未受影响的公寓或者受到保护的楼梯间),或者把受害者递交给另外一名救援人员。

(3)呼救。一旦脱离极其危险的状况,就要口头发出求救或者通过无线电通信设备来发出遇险求救信号。求救传输应该引起下面行动的发生：

（a）关闭所有火场无线电通信。

（b）激活快速干预小组，快速干预小组区域指挥员以及快速干预小组支援队。

（c）发起所有火场人员的点名问责制。

根据呼救情况的复杂性：

（a）要求增设报警器。

（b）分配快速干预小组救援部门。

图7-3　得到救援人员救助后，受害消防员处于面朝上的姿态

2. 轻度或者中度火灾状况

（1）把被困消防员翻身让他面朝上。通过非正式统计，（美国）国家职业安全与健康研究院队许多死亡案例进行研究显示绝大多数遇险消防员被发现时都是面部朝下躺着。我们假设这类受害者在火灾状况下以非常低的姿势在爬行，保护自己不被热气或者掉落的碎片所伤，试图找到逃生的出口。如果他们被发现面朝下，那么救援人员需立即将他们翻过身来面朝上，这非常重要，如图7-3所示。

这个行为可以增加受害者生存的机会，原因如下：

（a）取得并关闭个人呼救器。由于单机版个人呼救器可安装在空呼器腰部背带上，因此可能会在背带上来回滑动而较难拿到，但是通过将遇险人员面部朝上翻转即可较容易拿到。集成式个人呼救器一般都安装空呼器肩部背带，因此当遇险消防员被面部朝上翻转时将较容易拿到。

（b）取得远程无线对讲机。有时候，遇险消防员有无线对讲机而救援人员却没有。如果受害者在衣领附近挂有远程无线对讲机，那么救援人员就可以使用。

（c）辨认遇险人员。如果通过标签或者打印在消防服上的名字还是没有认出受害者，那么就有可能通过头盔标识或者面部识别来辨认了，如图7-4所示。

（d）确认空气呼吸器面罩是否仍在原处。如果可能，检查受害者是否仍旧戴着空气呼吸器面罩。

（e）防止溺水。许多消防员被发现没有意识，多是被从消防射流以及水喷淋系统喷水后所积压的水给淹没了。让受害者的面朝上可以防止积水的覆盖。

（f）调整空气呼吸器安全带。无论你计划使用空气呼吸器安全带的方式拖曳受害者或者是简单地移除空气呼吸器安全带，如果受害者的面朝上了，那么控制空气呼吸器安全带松紧的搭扣现在是可以看见的，也很容易拿到的。当受害者面朝上躺在空气呼吸器气瓶上时，身体一侧接触地面，一侧斜靠在气瓶上，如图7-5所示。拿到空气呼吸器安全带，以及高处的手臂和腿时，救援会变得更加迅速、简便。

（g）拖动更容易。由于遇险消防员被翻到面朝上，空气呼吸器空气瓶就会碰到地板。当救援人员拖曳受害者时，空气瓶就像是雪橇上的转轮一样让拖动受害者变得更加容易，而且可以清除像石膏、板条、墙板这样的碎片。

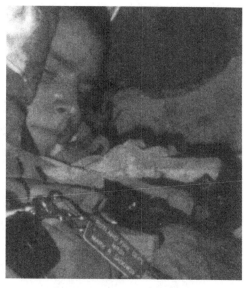

图7-4　为更容易碰到肩部安全带、手臂或者腿部以便获救，消防员倾斜靠在空气呼吸器气瓶上

图7-5　通过面部识别、头盔标识或者标签辨别

（2）重置个人呼救器。重置个人呼救器的目的是配有无线通信设备的救援人员可以通过无线电传输信息，用不着与大约100分贝的警报嘈杂声竞争。在个人呼救器还是处于激活状态下时，通过无线电传输的求救和指导信息会存在重复的可能性，既浪费了时间也无故增添麻烦。另外，如果事故指挥员和快速干预小组收到该信息，但因受个人呼救器里的噪音影响，导致他们曲解了信息的本意。这就会导致快速干预小组进到错误的入口点，从而引起其他许多问题。如

果出于某些原因，个人呼救器在救援过程中重新被激活，而且无法重置，那么至少最初求救信号的传输是成功的，求救响应与救援也正在实施中。

单机版个人呼救器可以彻底关闭。然而，个人呼救器被集成在空气呼吸器中时，如果受害者的空呼器氧气供给还没从气瓶切断，那么就不能关闭个人呼救器。如果没有搬运受害者，那么集成个人呼救器就会不断发出预警，因此必须对其进行重置。如果消防员被困，需要解救，那么就要激活空气呼吸器以补充空气，这至关重要。为了畅通的无线电通信，必须重置个人呼救器，而且不能太紧张。

（3）发送求救信号。通过无线电传输"呼救！呼救！呼救！"毫无疑问，重复的求救信号就表明是否有人处于危险，然而在突然坍塌事件发生后，因喧闹的无线电通信可能听不到单个求救信号。

（4）确认遇险求救信号。作为消防救援人员，重要的是一旦锁定受害者的位置，那么求救的情况也被证实了：

（a）受害者的位置。指出受害者是否被困在二楼后楼梯的地下室里（A区域）或者14楼的楼梯井B区域。

（b）受害者的情况。确定受害者是否清醒、被缠绕或者被牵制，将会为事故指挥员提供一个大致想法，即救援的难度如何，需要多少帮助。

（c）受害者的身份。如果有可能，表明受害者的姓名、指派的消防队以及来自哪个消防部门。所有消防员把名字放在所有个人防护装备上，这种做法不仅对于装备的"失物招领"重要，同时对于消防员的辨识也非常有用。一些消防部门为了区别于其他消防部门的消防服，他们把消防员的名字印刷在消防服后背，或是把小的黄铜识别标签固定在消防服挂钩 或者拉链上。确认遇险人员身份对于明确相关责任方面非常重要。

（5）检查空气呼吸器面罩。如果受害者没有佩戴面罩，那么根据火灾状况、受害者的身体情况以及时间，是否应该更换面罩就成了判断的关键。如果受害者仍旧戴着空气呼吸器面罩，那么救援人员就有必要去检查一下面罩是否还在供气。如果不去检查，那么受害者很有可能会窒息。如图7-6所示，检查空气流动，拉住面罩的底部使之远离受害者的下巴以打开阀座，或者激活分流器或者放气阀，然后监听从面罩而来的正压空气流。如果你没有听见，那么根据所使用的空气呼吸器类型，从面罩上移除全面罩供气阀或者从调节器上移除呼吸管。虽然房间内的空气可能是热的、带有烟雾的，但直到受害者得到解救，呼吸到干净空气或者得到一个新的空气呼吸器时,至少可以提供一些空气交换。

　　虽然移除空气呼吸器面罩是对的,但是也不推荐。事实上,如果适当培训,移除全面罩供气阀或者呼吸管比移除整个面罩更快。把面罩留在脸上,可以保护受害者消防员以免遭到碎片和热气的侵害,还可能提供一些呼吸防护,万一受害者被困,也可使用共享供气的设备。如果面罩仍旧留在受害者的脸上,那么受害者也会很容易给予空气呼吸器空气。

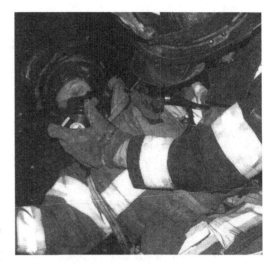

图7-6　检查空气呼吸器面罩气流

3. 轻度到中度火灾情况下消防员早期救援步骤

　　锁定并把受害者消防员翻到面朝上。重置个人呼救器(如果被激活了)。传输求救信号或者确认求救信号。检查空气呼吸器面罩。搬运受害者。

　　消防员早期救援的每一个步骤的目的是增加逃生的机会。其重要性体现在如果没有照着每一个步骤做,那么我们会看到受害者逃生机会会大大减少。

　　(1)如果救援人员没有呼救,那么完成救援会更加困难,风险也增加。

　　(2)如果受害者没有翻过身面朝上,那么要完成救援步骤是很困难的。

　　(3)如果救援人员没有重置个人呼救器,那么良好的沟通机会就会减少。信号传输会变得杂乱无章、模糊而指挥错误。

　　(4)如果没有检查空气呼吸器的空气流动,那么就会产生受害者窒息的情况。高度危险的救援行动完成了,而最后发现受害者窒息而死,那将是多么伤心的一件事啊。

　　有了足够的培训,在搬运受害者之前完成的所有消防员早期救援步骤,用不了10秒钟时间。能够帮助回忆消防员早期救援步骤的是FRAME(首字母缩略词)。

　　Find　找到受害者。

　　Roll　把受害者翻滚到空气呼吸器气瓶上(如果受害者面朝下)。

　　Alarm　警报,重置个人呼救器。

Mayday　遇险求救信号。

Exhalation　对空气呼吸器进行放气；检查空呼器面罩是否正常工作。

7.3　消防救援人员之间的交流

普通灭火行动中,消防员之间的交流非常困难,就更不用说在紧急呼救下消防员之间的交流了。在这种情况下,即使有时能够交流,但要听清楚还是极其困难的。每一个救援人员和快速干预小组成员都必须接受这样的训练,就是把各种救援技能与严格的、本能的交流技巧协调好,这最为重要。若是两位或是更多的救援人员没有协调好他们的救援行动,他们实现成功救援的可能性就会大大减少。举个例子来说,如果遇到必须要将一名失去意识的消防员垂直抬至一个高为36英寸(0.91米)的窗沿时,经验会让你怎么做呢? 若是两名救援人员没有同时抬起他,其中一个救援人员就不得不放弃他所剩的一些力气去抬起受害者。结果就造成受害者压根没有离开地面,而救援人员不得不进行又一次的尝试。

"准备好了吗? 准备好了。出发!"救援指令

为了协调好多名救援人员的救援技能,我们会给出"准备好了吗? 准备好了。出发"这样的指令。任何一个救援人员开始都可以说"准备好了吗?"一旦第一位救援人员说了"准备好了吗?"第二位救援人员会回答"准备好了。"于是第一位救援人员会给出"出发"这样的指令,同时他和第二位救援人员一道抬起、搬运、旋转或拖曳受害者。

7.4　消防员拖拉救援法

有各种各样的救援方法可以用来将受害者从火灾现场转移出去。这些方法包括不同的拖拉方式:拖拉搬运、并排牵引、推拉牵引以及其他供不同场合使用的方式。本书所介绍的各种消防员拖拉方式都是专门为在千钧一发之际,对意识丧失亟须救助的消防员施以救助而设计的。在应急事故现场,无论消防员身处哪里,也不管他被分配到怎样的任务,每一种拖拉救援法都适合任何一名消防员。我们在每一章节都再三提到的一个首要考虑因素是被困消防员的体重,同时受害者需在通过地板、上下楼梯、进入孔洞及密闭空间、离开屋顶以及解困时应当掌控好自己的身体。每一种消防员拖拉救援法都适合那些身体疲惫、精神

紧张、孤立无援、空呼器气量不足,且还要与火灾、浓烟和废墟环境相抗衡的救援人员。毫无疑问,拖拉的难度取决于救援人员和受害者的状态,同时也取决于救援风险程度。考虑到轻度到重度火灾状况下的每一种消防员拖拉救援法,我们一定要按照消防员早期救援步骤来执行,以最有效的方式进行拖拉救援,增加被救受害者的逃生机会。

1. 一名消防员拖拉空呼器救援法

这种拖拉救援法是由一名消防员救援人员在以下事故中采用:

(1)消防员的搭档失去意识必须施救。

(2)两名消防员确定了受害消防员的位置。一名消防员必须清理窗口或门口方向的障碍物,另一名消防员则拖拉受害者至门窗进行逃生。

(3)消防员锁定受害者位置,而且能够搬运两名以上受害消防员,这时只允许一个救援人员救助一名受害者。

随着救援人员尽可能贴近地面,他们按照早期救援步骤进行救援行动,随后他们抓住空呼器较高一侧的肩带。当试着在任何时候抓牢呼吸器肩带时,救援人员可以通过够到空呼器背架顶端肩带背面从而来最好地抓住肩带,如图7-7所示。一般说来,任何空呼器背架的顶端,受害者的肩部和安全带之间有一个空隙。这个空隙可以让手更容易地抓住安全带。如图7-8所示,救援人员进行拖拉救援受害者。

值得注意的是,根据空呼器的型号、使用年限以及使用情况,消防救援人员可能有必要带上备用的空呼器肩带并将其折叠起来以免拉动空呼器时被拉伸。若是空呼器肩带无意被拉伸,受害消防员就有可能因安全肩带而受牵制。

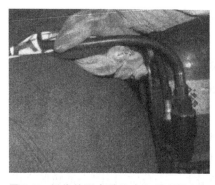

图7-7 抓住处于肩膀和空气呼吸器之间的呼吸器背架顶端的肩带

图7-8 消防救援人员身体贴近地面,进行一名消防员拖拉救援受害者

也许消防救援人员没有必要总是和地面贴近,尤其是如果火情不严重和建筑结构依然稳定时。这种情况下,比起以爬行的姿势,用直立的姿势抓牢空气呼吸器肩带,这样拉动受害者就更加容易且有力。

由于以爬行的姿势拖拉受害者难度更大,因此消防救援人员使用平衡力和利用腿部力量来拉动受害者十分必要。消防员一只手抓着空气呼吸器肩带,另一只手要探测地面上的孔洞、楼梯和碎片。救援人员远离受害者的腿应当跪下以保持平衡,用右脚蹬地以拉动受害者。当拉动受害者时,消防救援人员也可以将上半身身体的重量倚靠在拉动受害者的方向,这样就可以减轻些拉动受害者的力量。

2. 消防员拖拉救援和搬运法(无空呼器)

几年前,当消防救援和逃生训练在全国消防界变得非常普遍时,许多拖拉和搬运救援都将使用空呼器肩带作为救援肩带,以协助搬运受害消防员。当时大家都相信几乎没有这样的情况发生,就是一名消防员在一座着火建筑物里被困,他不可能没有空气呼吸器。然而,这种假设是错误的。

2001年3月14号下午4点45分,亚利桑那州菲尼克斯消防部门接到了在一个商业购物中心后方发生火灾的报警。该购物中心沿街有许多小商店、大型五金店和一家杂货店。火灾源头位于超市后面的仓库,当时浓烟弥漫,温度并不算太高。

当时协助铺设水带进入仓库的菲尼克斯消防员布雷特·塔弗(Bret Tarver)的空呼器出现低压警报。告知指挥员后,消防队开始让几名消防员出来,其中也包括塔弗。然而,他在撞墙之后变得头昏脑涨,脱离了队伍,迷了路。救援人员在离最近大门60英尺(18.29米)处发现了塔弗,他的身体被一张桌子困住,在不断恶化的火灾状况下,他逐渐失去意识。这时,快速干预小组遇到了新的挑战。救援人员在没有空呼器肩带作为救援拖拉工具的前提下仍不得不在掉落的碎片和走道里拖拉被困消防员。参与这次救援行动的消防员都在消防员救援行动和快速干预行动中接受过全方位的训练,但是正如前面提到的,当时还没有经历过没有空气呼吸器的消防员拖拉救援法。

塔弗身上没有空呼器,对于第一快速干预小组来说,拖拉受害者困难重重。在移动受害者15英尺(4.57米)后,第二小组前来支援,但他们不得不利用受害者的消防服来拖动他。在消防服上抓住的部分并不十分牢固,因为消防服会滑动,也容易被刮破,而且消防服因拖拽而开始由里往外翻。当第三快速干预小组继续试着救援塔弗时,他们发现几乎没有可抓的地方来拉动他,转而抓住T恤试图拖动他。而消防员塔弗比一般消防员体型更大,体重更重,结果T恤也被扯烂了。然后救援人员试着抓住他的手臂和手腕,但这导致救援更加困难。

除了要拖拉消防员塔弗之外,还会出现被缠绕的问题,如过道上搁置的东西,带有突出钉子的木质板以及从天花板上掉下来的碎片堆,这些都可能成为障碍物。救援人员不仅需要停下来解救受害者,使他不被缠住,而且必须抬起他穿过碎片堆。当第四个也是最后一个快速干预小组接过任务时,他们像前面小组一样继续战斗。他们会在瓷砖地板上打滑,因为地板因遭遇水带泡沫液情况而变得潮湿,而且地板表面上还有从架子上掉落打翻的食用油。他们不得不和这一切作斗争,而一边又试着把受害者从这个封闭的地方救出去。

总而言之,救援消防员塔弗需要4个快速干预小组,救援时间超过了预估的31分钟。正如菲尼克斯消防队和当地493号国际消防员协会在最后报道中说的那样,"在救援行动中,因能见度有限加上消防水带喷进的水流、高温、仓库内的障碍物以及掉落碎片等其他阻碍,导致救援消防员塔弗十分困难。此外更加严峻的是救援人员空呼器空气量不足,消防员塔弗防护服和装备内都充满了碎片,除此之外,被困人员的体型也比较庞大。"鉴于菲尼克斯消防队这次非常痛心的经历和损失,亚利桑那州向我们表明,消防员拖拉救援法以及针对受害者没有空呼器的救援训练是多么的重要[14,15]。这也是消防员如何动态救援和逃生的又一例子,因为基于新装备和经历,我们只是要顺应变化和取得进步。

以下是当没有空气呼吸器作为救援安全带的几种选择方法:

(1)消防服拖拉和搬运法。使用消防服是最不理想的救援法,但是如果消防员接受过这种方法的训练,它可以是一种选择。使用消防服的关键是知道如何、在哪里拖拉和抬起受害消防员。消防服本身的设计正是其缺点所在。衣服门襟处要使用挂钩、D型扣、分离拉链以及维可牢尼龙搭扣。有时消防服会在救援人员拖拉和抬举受害者时破裂。另一个不利的情况是受害消防员穿着消防服的方式。消防员身材体型各不相同,有时候他们没有拉上或扣上衣服,这会导致在被拉动时衣服裂开。因此,救援人员拖拉受害者消防服时需要他们掌握几个可拖拉的衣服部位:

(a)衣领。不管是一名还是两名消防员救援人员来拖拉受害者,抓住受害者的衣领一般都会起作用。如图7-9所示,只要抓住消防服就可以拖动受害者,这样短距离的拖动就没有问题。消防救援人员需要检查受害者是否穿好消防

图7-9 拖拉衣领法

服,这非常重要,而且不能让受害者的手臂高过头部,这样消防服就不会从里面翻到外面,而且也不会在拖拉的过程中脱离受害者。

(b)消防服末端。当有两名消防员救援时,且这时救援人员不得不翻转或是抬起受害者,这两名救援人员最好抓住消防服末端的最外层(尤其是底部的反光标志带)。这点必须记住,当翻转或是抬起受害者时,两名救援人员抓住消防服的不同部位,就很有可能导致该救援任务失败,消防服会被扭曲,衣服从里向外翻,甚至会拉下受害消防员身上穿着的消防服。比如说,当需要把受害者抬起越过一个障碍物时,若是一名救援人员抓住消防服的末端,而另一名救援人员抓住裤子的后口袋,这样就无法成功地抬起受害者,因为消防服上衣会在受害者身上扭曲。

(2)消防服搬运法。通过两名消防救援人员抓住衣领和上衣末端同时,第3名消防救援人员采用"手推车搬运法",叉开受害者的两条腿且抓住他的膝盖,这样救援人员可以抬起受害消防员前行,越过一个个障碍物。

(3)Ⅰ类腰带拖拉法。对于许多消防部门来说有可利用的腰带是一个标准问题。它可以被用来拖动和抬起受害消防员。如果一种腰带被当作救援安全带,那么它是需要接受检验才能成为Ⅰ类救援带。虽然救援人员可以通过该救援带得到几处"可抓点",但它仍有一些不足之处。

(a)从身体的中间位置拉动受害者相对较难。受害者失去了平衡,很容易被缠住和被卡在角落里。对救援人员来说,与从肩膀或是胸腔周围的地方拉动受害者相比,从腰带上拉动受害者有更大的工作量。

(b)当把这种安全带系到受害者的手臂、腿或脚踝上时,并不总能确定腰带是否牢牢系住受害者,尤其是上下楼梯时。在许多情况下,安全带会因为太短而无法充分地连接到四肢上。

3.采用安全吊带的消防员救援法

在没有空气呼吸器肩带时,使用安全吊带是消防救援人员搬运受害消防员最有效的方法如图7-10所示。与消防员救援意图——快速和"直截了当"相一致的是,使用Ⅲ类安全带、牵引系统等类似方式几乎不大现实。然而,有一种救援安全吊带已被证实可以成功救援消防员及平民。这种消防员救援安全吊带是由直径为1英寸(2.54厘米)的管状尼龙织带制成,拉伸强度至少有4 000磅(1 814.37千克),长度为20英寸(0.51米)。织带的两端系上了一个防脱结,这是专门用于织制材料的。一个拉伸强度至少有4 000磅(1 814.37千克)的钩环加在了织带救生环上,这样就可以在使用系紧、固定、拴住和抬起方法中有多种选择。据推荐,可以使用非锁闭螺栓锁钩环,因为它已经被证明是在视觉范围有限和使用厚重手套情况下最简单的使用类型。像芝加哥和菲尼克斯这样的城市早已有了这种设计的救援安全吊带,是消防员的标准配置。

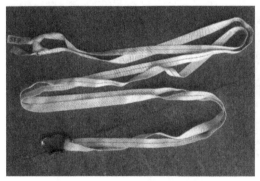

图7-10　消防员救援安全吊带

图7-11　救援安全吊带套在受害者身上的消防员救援法

(1)把安全吊带套在受害者胸膛的消防员救援法。即使在浓烟的恶劣情况下,也必须把安全吊带套在受害者的胸膛,如图7-11所示,步骤如下:

(a)如果必要的话,把受害者翻转过来,脸朝上。

(b)使受害者坐起来。

(c)从消防服的口袋里掏出安全吊带,抓起钩环。

(d)使用钩环和安全吊带套住第一只手臂和胸膛,然后从第二只手臂下穿到受害者的背部。

(e)把钩环夹在背部安全吊带上。

(f)拉紧安全吊带,且把手放在上面。

(g)在手上缠上一圈或是两圈安全吊带,固定住安全吊带防止滑脱。

（h）让受害者背面躺下，对其进行拖拉救援。救援人员利用救援安全吊带和空气呼吸器就可以移动受害消防员。

（2）消防员安全吊带手铐结救援法。如果受害消防员被缠住，困在碎片之中，甚至无法坐立，那么救援安全吊带就可以套在受害者身上，这时我们就可以利用一种替代方法，即把安全吊带系在手铐结上。通过把安全吊带系在受害消防员的手腕上或腿上，受害者可以被拖动一段距离，且可以扫清障碍。这时，救援人员可以采用一种更简单的并排式推拉救援法。图7-12和图7-13为如何打手铐结，图7-14和图7-15为一名或两名消防员安全吊带手铐结拖拉法。

图7-12　制作安全吊带手铐结

图7-13　消防员救援——安全吊带织带手铐结

图7-14　一名消防员安全吊带手铐结拖拉法

4.消防服救援安全吊带

一些消防服生产商会生产配有安全吊带的消防服。安全吊带被缝在消防服上衣内，当救援人员拉住受害消防员衣领附近的钩环时，就可以通过套在其胸膛和手臂下方的安全吊带抓住受害消防员。这种安全吊带系统有许多优点：

（1）在严峻的火灾状况下能够基本和快速使用。

（2）重量轻、受保护且在消防服上衣内部较为隐蔽。

（3）所有消防员的标准配置。

（4）价格不贵。

图7-15　两名消防员安全吊带手铐结拖拉法

5.消防员并排式拖拉救援法

在受害消防员非常重、难以被拖拉，而且需要不止一名救援人员拖动时，两名消防救援人员可以采用这种救援方法，如图7-16所示。这种方法的优势在于让救援行动更加快速也更加省力，既有利于救援人员，也有利于受害者。在进行

图7-16　消防员并排式拖拉救援法

并排式拖拉救援时,救援区域必须能够容纳下两名救援人员和一名受害者一起穿过建筑物。由于救援人员保持离地面很近,他们俩各自拉住空呼器一边的肩带,就像拖拉一名受害消防员。两名消防救援人员呈镜像状态共同把遇险人员拉到安全区域。若是其中一名救援人员很难抓住受害者的空呼器肩带,他们就让受害者坐起来,抬起空呼器气瓶的底部以释放肩带,随后再将受害者仰面躺下,接着进行拖拉救援。这种方法的唯一缺陷就是拖拉受害者需要一定宽度。在很窄的走廊和其他封闭区域采用这种方法就会碰到这个问题。

6. 消防员推/拉救援法

如果在小房间、狭窄的走廊以及坍塌的碎片堆里没有足够的空隙,这时可以采用推拉救援法,如图7-17所示。这种方法可以让两名救援人员和受害者成一直线排列位置,这样将会很容易拖拉受害者通过狭窄的通道。为了确保能够顺利通过这种方法成功救援受害者,你应该记住两件非常重要的事情。第一,如果两名救援人员位于受害者的同一边上来推拉受害者,这样可以产生最大的力量,这种情况是最佳的。第二,推动受害者的那名消防救援人员必须推动受害者的腿后腱处。若是救援人员推动的是膝盖以上的地方,受害者的腿将会弯曲。结果会是几乎没有往前移动,会给在前面的救援人员造成更大的压力。试图推动

图7-17 消防员推/拉救援法

受害者的救援人员其自身的重量也会转移到受害者身上,使得拖拉救援变得更加困难。尽管有这些因素存在,倘若救援人员操作得当,这种方法可谓是最佳的拖拉救援法。

7.5 昏迷消防员的空气呼吸器移除

有时候救援一名昏迷消防员需要取下他的空气呼吸器。这经常发生在当受害消防员被缠住,或是被困在一个密闭空间,抑或是不得不被抬到窗户上时,由救援人员取下其空气呼吸器。了解到救援人员也许已经花了很多精力寻找受害者,因此,空呼器的移除方法应被设计成尽可能简单,使得救援人员仅用一种翻转技巧就能操作。如图7-18～图7-22所示为移除昏迷消防员空气呼吸器的操作步骤。

1. 密闭空间取下昏迷消防员空呼器

假如受害者被困密闭空间,且无法翻滚取下空呼器,我们可以使受害者转向空气呼吸器气瓶,拿掉肩带和腰带之后,让其坐起来再取下空呼器。

2. 改变受害消防员旋转方向

当救援受害消防员时,救援人员不仅要能够使受害者前后左右移动,而且要

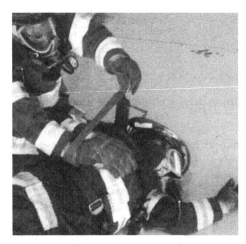

图7-18 取下位于上方的空呼器肩带(因为受害消防员的手放在胸前,因此肩带被拉伸。手臂穿过肩带,从而将其拿掉。必须注意的是救援人员必须也要摘掉某些空呼器牌子的胸带。)

图7-19 随后拿掉空呼器腰带(腰带被拿掉之后,若是受害者戴着任何类型的多功能腰带,我们也建议将其拿掉,从而防止在拖拉救援或者消防梯救援过程中产生缠绕的可能性)

153

图7-20　若是受害者还佩戴着接通的空呼器面罩，救援人员也必须取下他的全面罩供气阀或是导气管

图7-21　受害者下臂必须完全伸至头部上方（若做不到，受害者在翻滚时很有可能受伤，而且空呼器肩带会缠绕住受害者手臂）

图7-22　受害者被翻转至面朝下，空呼器留在地面上（这时救援人员把空呼器向上提从受害者手臂上脱下。一旦移开空呼器，就要让受害者翻转至脸朝上位置）

能够旋转受害者，改变其身体的方向，这些都非常重要。消防救援人员需要改变受害者身体的方向，有以下原因：

（1）受害者也许在被救时处于拖拉救援相反的方向。

（2）也许需要把受害者安置在一个窗口下面，以实现窗口救援。

（3）在遇到角落或者其他机器、家具等障碍物时，可能需要受害者转变方向。

（4）受害者需要摆脱电线的缠绕，或拧掉突出的钉子，或改变自身位置避开掉落的碎片。

为了"旋转"受害者，救援人员就需要明白，由于受害者上半身是身体最重的部分，因此在转动受害者身体时应把上半身留在地面上，这一点非常重要。救援人员要想最省力气地转动受害者的方向，就要抬起受害者的腿，与地面至少保持90度。

采用这种旋转的方法来改变受害者的方向有几大优点。第一，无论受害者

有无穿戴空呼器救援人员均可翻转受
害者。第二，当受害者的腿被抬起时，
受害者的身长缩短了一半，这样降低
了受害者被家具缠住或是撞到墙上的
可能性。最后，一两个人就可以采用
这种旋转方法，无须费很大气力。

（1）抓住受害者消防服裤口或者
防护靴根部（若有两名救援人员，每个
救援人员可抓住一条腿和一边衣领）。

（2）抬起受害者的腿，至少与地面
保持90度。

图7-23　救援人员抬起受害消防员的腿，抓住衣
领，然后按需翻转受害者，达到改变方向的目的

注意：因为抬起的腿朝着受害者
头部方向推，全身重量将会转移到受
害者的肩膀上，这有助于旋转受害者。记住不要让受害者的膝盖弯曲。

（3）当把腿抬起来时，握紧受害者衣领可抓部位。

（4）需要时翻转受害者，如图7-23所示。

若恰巧有两名救援人员，唯一一项额外的任务就是进行交流。其中一名救
援人员可以使用简单的口头指令如"头朝向我"，这会指明旋转的方向。举个例
子，若是受害者只需被旋转45度，于是离这个点最近的救援人员就应该下达指
令给另一名救援人员，"头朝向我"，于是受害者就朝着发出命令的救援人员这
边旋转。

有更多复杂的指令，如"顺时针旋转"或"朝北方向移动"等等，这些指令很
容易被混淆，使救援行动受挫，造成不必要的体力浪费，甚至会对受害者造成伤
害，因此不应该使用这些模糊性指令。

第八章　高楼层、地下空间及密闭空间救援技术

绝大多数情况下,当消防员必须要在建筑物二楼或者地下室进行作业时,必定要涉及快速干预作业。把昏迷消防员从楼梯、梯子上下搬动或者使用救生绳进行转移时,救援的难度将会大幅增加。尽管最早对受伤消防员进行施救的往往是距离他们最近的消防员,但由于体力透支、空呼器储气不足或者身体受伤等情况都将可能限制他们开展任何形式的救援行动。对于在高楼层和地下空间进行救援行动的消防员来说,他们遇到的最主要困难就是要将一个体重约250～300磅(约等于113～136千克)的受伤人员(包含受伤人员实际重量、消防服,吸收的水分和身上的碎片)移到安全地带。除此之外,最困难的就是将之在楼梯上抬上、抬下,而不是在地板上拖动。正因为救援就是要面临密闭空间、不规则形状的孔洞、倾斜的地板、稳定性差的楼梯,救援工作才显得困难重重。由于救援时需要大量设备、空气呼吸器的空气以及救援力量三方面的考虑,因此,高楼层和地下空间的救援行动中救援人员与受害者的比例是4:1。

图8-1　一个需要即刻救援的消防员

消防员在高楼层和地下空间进行救援行动时如果遇到下列情况,风险会增加:

(1)如图8-1所示,一名受害消防员从不稳定的地板上跌落,导致在地板上形成洞,救援人员朝着洞的方向移动时可能也会掉进这个洞里,或者由于地板上的重量增加(活荷载)进一步导致地板坍塌,这样每一个人都会掉到地下室里。

(2)救援人员进入地下室去寻

找和救援受害消防员会有很大的风险,因为通常情况下只有一条路可以进出。

（3）当几个救援人员聚集到一起把受伤人员抬起或者在楼梯上拖动时,在这4～5步跨度内产生的活荷载至少达到了电梯设计荷载的3倍,这样就会增加楼梯倒塌的可能性。除了增加3倍活荷载之外,救援人员在上下楼梯的过程中,他们的体重也在不断变化并对楼梯产生冲击。

（4）用落地梯子将一名受害消防员从屋顶或者窗户救下来,救援人员如果没有使用安全梯子,坠落的风险将大大增加。

（5）由于高楼层消防救援和地下空间消防救援对消防员身体素质要求高,也相当复杂,延迟救援时间会导致救援会急剧增加坍塌风险,威胁火灾条件、损耗空气呼吸器空气并且伤害到救援人员。

进行高楼层救援和地下空间救援时,前面所提到的几个因素对快速干预小组成员来说仅是许多风险中的冰山一角。本章中讨论的救援方法涉及在培训环境中起到重要作用的梯子救援、绳索救援以及搬运救援技能,但事实上,如果救援人员没有受到充分训练,就会出现差错。训练是一种阶段性行为,消防员只有在十分明确可控的条件下一步一个脚印地进行救援技能学习,才能取得应有的进步。建议他们在实际训练中应该进一步模拟烟气条件。

8.1 狭窄楼梯内的消防员救援

对于消防员救援来说什么称为"狭窄楼梯"?如图8-2所示,空间不够,救援人员无法靠近受害者,有两个以上救援人员进行救援时难度会非常大。狭窄楼梯多见于独户住宅和多户住宅。尽管狭窄楼梯还见于其他建筑,如工业区狭窄天桥楼梯,高层建筑顶层机械室的楼梯,但是救援人员在狭窄楼梯中进行的救援常发生在居民楼。通常情况下,楼梯的宽度将取决于建筑年代。老式建筑更为狭窄,宽度约为30英寸(76.20厘米),有时还不及这个宽度,而新建建筑中的楼梯宽度平均

图8-2 狭窄楼梯结构(消防救援人员无法在穿戴全套消防服与空呼器的情况下并排行走)

36英寸(91.44厘米)。狭窄楼梯向上救援是难度最大的救援之一,原因如下:

(1)一直要向上攀爬。

(2)楼梯有陡度和转角。

(3)缺乏用于救援人员抓稳的栏杆或者栏杆很容易从墙上滑下来。

(4)金属护鼻很容易将受害者的空气呼吸器缠绕到栏杆柱以及将消防服缠绕到扶手。

(5)救援人员很快会疲惫不堪,因为他们要不断向上斗争而且只有有限的救援人员可以待在楼梯内进行救援。

(6)如果救援行动是在一些窄木材结构的楼梯而不是宽阔的楼梯内进行,那么楼梯坍塌的机会很大。

(7)救援人员在较窄的楼梯内只能采用较为困难的"头脚纵向"方式搬运受害者,而在较宽的楼梯内则可采用较为容易的"头脚横向"方式搬运。

1. 狭窄楼梯消防员"推/拉"救援方法

救援人员不得不再次面对受害者的体重问题,通常受害者全身包括佩戴工具等,体重在250 ～ 300磅(113 ～ 136千克)不等。狭窄区域因为空间小,这会限制参与抬高和移动受害者的救援人员数量,从而会导致很多情况发生。受害者几乎都是被垂直移动的。推/拉的救援方法就是专门针对从地窖或者地下室将受伤或昏迷的受害消防员救到上面的楼层。这个方法可用于任何类型的救援,尤其是在狭窄的楼梯内使用效果最佳。楼梯构造图如图8-3所示。该方法包含下列因素:

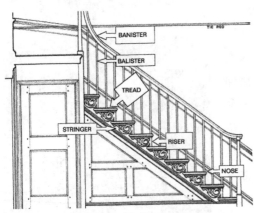

(1)需要两个训练有素的消防救援人员。

(2)因为消防员通常要从地下楼层将受害消防员搬运到台阶上会非常困难,所以救援行动分两个步骤。

(3)该方法适用于紧急救援,而不适用于比较复杂的救援行动,比如使用到牵引系统,破拆墙

图8-3 楼梯构造图(BANISTER 楼梯的扶栏;BALUSTER栏杆; TREAD 踩踏面 STRINGER 楼梯斜梁 RISER 立板(楼梯踏步的竖直部分)NOSE 踏面突出部分)

壁以及运用救生篮。

狭窄楼梯推/拉方法步骤

（1）如图8-4所示，受害消防员被置于楼梯底部，背靠楼梯坐起身子。

（2）位于前方的救援人员拽紧空呼器肩部背带。为了保证拉力足够提起受伤人员，背带应尽量拉紧。某些特殊品牌的空呼器设备上较结实的背带材料可能需要加以双倍的力量才能被拽住。

（3）如果一个扶栏可用并且足够耐用，救援人员可以用它来保持平衡并可拉住受伤人员进行救援。

（4）位于后方的救援人员，将受害者的腿分开并且抓住膝盖以下部位。对于比较重的受害者或者疲惫的救援人员，快速抓

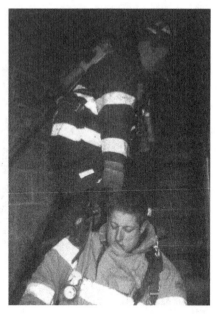

图8-4 受害消防员坐在楼梯底部，救援人员牢牢拉住受害者并沿着楼梯向上拖

住膝盖以下部位可能对于顺着楼梯一直移动来说不是很安全。在这种情况下，救援人员应该考虑如下列所说的一样，将受害者的腿放在救援人员的肩膀上：

（5）随着命令"准备好了吗？准备好了。开始！"受害消防员会被抬高到离地大约有三级楼梯高度的位置。

图8-5 位于后方的救援人员将受害者的膝盖置于其肩膀之上

（6）位于后方的救援人员将受害者的膝盖放下并置于每个救援人员的肩膀上。

（a）受害者的重量部位转移到救援人员的肩膀上，救援人员把受害者搬上楼梯，所需的力气主要来自救援人员的腿部。

（b）救援人员在爬楼梯的时候尽量保证受害者的膝盖在救援人员的肩上，如图8-5所示。如果腿开始下滑，受害者的身体也会下沉，并会阻碍救援工作。

图8-6 救援人员已经将受害者抬起来,现在把受害者抬上楼梯

（7）听从命令,将受害者再次抬起来,并实施救援步骤。

（a）根据受害者的体重和救援人员的疲劳程度,救援人员可能无法一次性将受害者搬运到楼梯顶端,如图8-6所示。可能需要几次短暂休息、调整甚至需要其他救援人员来代替。

（b）很重要的一点是位于后方的救援人员不可以推受害者,影响位于前方的救援人员。如果发生这种情况,位于前方的救援人员和受害者将会掉到台阶上,不仅迫使救援工作停止,还有可能会伤害到其中一位救援人员。

就像其他许多救援方法一样,这是一个基本的方法,可以根据可能遇到的许多困难扩展这个方法。

2. 狭窄楼梯消防员"向下"救援方法

几年前,对于下楼梯的救援行动,救援人员采取的一些方法是和上楼梯的救援方法一样的。这会花费太多的时间和精力。后来,大家改变了下楼梯救援方法的理念,其中包括使用借助重力的作用进行救援作业。

例如,一名消防员可能会受伤或昏迷在框架房屋卧室的二层,消防员随后进行救援。将其拖出来并沿着走廊走向狭窄的楼梯。此时,救援人员需要了解到"受害者以什么方式下楼呢,是头朝下还是脚优先?""救援人员应该抓住受害者哪个部位以及怎么抓才使得救援人员不会滑动或者跌下楼梯?"

通常情况下,救援人员在拉受害者空呼器肩带时的第一反应都是将其脸朝上,头朝前,因此在下楼梯时受害者都是头部朝下。救援人员利用空呼器肩带对受害者进行拖拉救援时需要拖住其头颈部位,而且在可控条件下需要迅速转移受害者,以减少进一步的伤害。

狭窄楼梯向下救援方法步骤

（1）在楼梯顶端,救援人员不应抓住空呼器顶部背带,而应反握并抓住其底

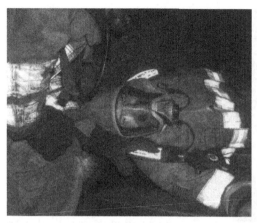

图8-7 救援人员伸手去抓位于受害者较高一侧肩膀处的底部空呼器肩带

图8-8 救援人员一手反向握住空呼器底部背带后尽可能将这只手朝肩部用力拉

部背带,如图8-7和8-8所示。这种救援技术一直行之有效,但如果救援人员用手穿过背带,等于是将自己与受伤人员绑在了一起。因此,一旦救援人员需要快速与受伤人员分离时,将会比较困难,所以还需要考虑实际情况进行操作。

(2)救援人员应该试图用戴着手套的那只手插入空气呼吸器背部顶端与背带连接部位。这里通常会有一个缺口,救援人员的手可以插进这个缺口。然后手尽量沿着受害者的胸部滑下。随着救援人员的手滑向肩带,救援人员的前手臂将绷得更紧,这样会更安全地落到受害者的脖子上。当在楼梯上向下降时,这个位置将会有利于稳定和支撑受害者的头部和颈部。

(3)救援人员随后将受害者拉离地面并送上楼梯。但应当注意的是,如果受害者仅仅由空呼器肩带拉动时,救援人员的前臂将会与受害者的头部和颈部分开,不再提供保护或支持。因此,救援人员也应该抓紧受害者的空呼器腰带来拉受害者,如图8-9所示。

(4)为保证能顺利将受害者从楼梯上搬运下来,救援人员必须拽

图8-9 救援人员应该拉住受害者空呼器腰带进行救援

图8-10 当受害消防员滑下楼梯,很重要的一点是救援人员尽可能保持空气呼吸器气瓶与楼梯贴合(这将减少空气呼吸器勾住和卡在台阶上的机会。)

住受害者翘起的腿防止其滑脱,同时还要通过受害者下垂的腿去检查每一级楼梯。现实情况中的楼梯可能会铺设地毯,或者被灌满水,或者覆盖满湿滑的石膏,对于下楼梯时的任何一个错误动作都将是造成灾难的陷阱。如果可能的话,第二位救援人员应跟在第一位救援人员身后,并指导下楼梯救援行动。如图8-10所示,当受害消防员滑下楼梯,救援人员要保持空气呼吸器气瓶与楼梯贴合。

(5)一旦到达楼梯的底部,其他救援人员抓住受害者的空呼器肩带并将受害者带离建筑物找到医务人员,让受害者可以得到适当的治疗。

8.2 宽阔楼梯消防员救援

宽阔楼梯通常会在商业区、工业区、写字楼、大型聚集场所以及高层建筑等建筑物中出现。这些建筑内的楼梯宽度通常在36英寸(0.91米)或更宽。在宽阔楼梯进行消防员救援行动最明显的优势是,4名消防员可以同时直接参与救援,而狭窄楼梯只限于不超过两名救援人员进行救援。通常情况下,涉及受害消防员救援行动的,在较宽阔楼梯内进行救援比在狭窄楼梯内进行救援行动要容易得多。在消防员救援方面,与狭窄楼梯内的救援活动相比,宽阔楼梯内的救援行动有以下优势:

(1)宽阔楼梯通常允许救援人员位于受害者两侧,并且他们能够抓到两边的肩带,这样有利于救援人员拉住受害者。

(2)钢铁和/或水泥构造的宽阔楼梯,通常在结构上都比较牢固和安全,这样在仅有5级台阶的楼梯能够容纳4名救援人员和一位受害者,总重量超过1 200磅(544千克)的受害者。

(3)由于宽阔楼梯的空间增大且结构坚固,更多的救援人员能够直接参与到救援行动中。

（4）一般来说，宽阔楼梯不会像狭窄楼梯那样陡峭，因此，向上拖动会比较容易，向下拖动也比较容易受控制。

（5）通常情况下，宽阔楼梯扶栏焊接牢固，有时救援人员可以扶着扶栏寻求平衡。

1. 宽阔楼梯"推/拉"救援方法

如图8-11所示，宽阔楼梯内进行救援行动的优点是可以容纳较多的人进行推/拉救援，将受害消防员从地下室或者其他较低处救援出来。这个救援方法与在狭窄楼梯内的救援行动是完全一样的，只是多了一名救援人员与另外一名救援人员并肩共同救援受害者。

图8-11　宽阔楼梯内消防员推/拉救援

2. 宽阔楼梯四点搬运救援方法

如图8-12所示，两名救援人员位于受害消防员空呼器肩带的两侧，然后两名救援人员位于受害者腿的两侧，这样他们可以抓紧受害者的膝盖将受害者抬上楼梯进入安全区域。

3. 宽阔楼梯消防员"下滑"救援方法

"下滑"方法只需要两名救援人员，与狭窄楼梯向下救援方法没有什么不同，重力的作用对救援人员极为有利。这种下滑方式很像海豹滑冰的姿势，或者是简单地反向坐姿。

图8-12　与其他救援方法相比，四点搬运救援方法实行起来快速，并且对救援人员来说工作负荷也最小

图8-13 救援人员位于楼梯顶部利用宽阔楼梯下滑救援方法

图8-14 救援人员将受害消防员从宽阔楼梯滑下

图8-15 救生篮

宽阔楼梯下滑救援方法步骤：

（1）受害者（头向前）一旦被拖到楼梯顶端，这时受害者可能会处于面朝下的状态，或者是上半身被抬起保持坐立的姿势。

（2）救援人员并排站着，向外朝着楼梯的底部走去，两名救援人员各抓住受害者空呼器肩带，如图8-13所示。

（3）救援人员将最靠近受害者的腿置于受害者肩部前方。消防员的腿可以防止受害者下滑太快，如图8-14所示。

（4）受害消防员成功到达楼梯地面，再慢慢向下滑。如果使用"海豹式滑冰"抬高方法，救援人员就要将受害者的头抬得很高以避免其在向上拉空呼器肩带时撞到楼梯。

（5）使用"海豹式滑冰"抬高方法时，当受害者靠近楼梯底部时，急速将受害者转动身体置于地板。这样做就可以减少受害者头颈部损伤。

4.消防员楼梯救援用救生篮

对消防员救援来说，救生篮是一件非常有利并且容易获得的救援工具，如图8-15所示。最初是用于运输、集结快速干预小组的工具和设备。对于快速干预小组救援来说，救生篮也是常备的救援工具。

救生篮的类型各种各样，包括铁丝网和复合塑料材质的救生篮。复

合塑料的救生篮非常受欢迎,原因在于,它滑过粗糙面时不太可能被碎片缠绕。使用救生篮进行救援的优势包括:

(1)受害者被包裹起来,得到很好的保护,这样会使得救援行动更容易,并且可以更好地保护受害者免受进一步的伤害。

(2)当只能两名救援人员进行救援时,使用救生篮救援受害者会比较容易。

(3)利用梯子或绳具抬高或放低受害者时,受害者得到更多安全防护,救援任务得以迅速完成。

救生篮的主要缺点在于体积庞大,导致在拐角处、蜿蜒的楼梯、某扇门窗处难以顺利操作。

8.3 落地梯和消防员救援

在很多案例中,火灾现场战术都由于需要在燃烧建筑周围架起落地梯而受到影响。拙劣的战术、缺少可用的梯子、糟糕的人员配备以及不充足的训练都是造成落地梯未按照原计划架起使用的部分原因。快速干预训练一直不断强调积极使用落地梯的要求。通常情况下,落地梯只是用在救援普通老百姓,给窗口通风以及爬上屋顶进行救援。快速干预行动要将重点放在围绕失火大楼架起落地梯,不仅是日常的战术需要,消

图8-16 落地梯救援中消防员积极架设24英尺(7.32米)伸缩梯

防员救援也需要。快速干预小组在火场救援中面临失踪消防员时能够补给更多的人员,同时在火场救援行动中处于有利位置能够架起落地梯,如图8-16所示。

虽然无法在每个窗口处都架起一个落地梯,但是室内消防员应该能够在建筑任何可能的位置找到至少一个梯子。消防员可以借助梯子从二楼轻易到达一个窗口,并且可以在不同方向找到最近的梯子。如果落地梯只能架到一扇窗口以上,那么就需要把它连到下一个房间,或者说需要连至那个房间的窗口。如果因为火灾状况恶劣而无法做到,那么我们需要迅速把梯子移动到受害消防员的

窗口位置。这时候消防员通常要采取从窗口处悬挂下降，或者利用应急绳索下降法。通常情况下，由于高压电线、树木以及其他障碍而无法架起梯子，有时候也会由于没有足够多的消防员而导致无法使用梯子。

对于救援老百姓或者消防员，尽管利用落地梯进行救援是最可能使用到的，但却是最不可取的方法。如果一定要选择的话，按照顺序最优选的是楼梯，然后是云梯设备，最后才是落地梯。落地梯是疏散建筑物内受害者最不可取的方法，因为落地梯不像其他方法那样稳固，梯子必须是倾斜的，而且他们可能不得不被设置到一个陡峭的角度，因此使得救援行动更加危险。

将落地梯一端置于窗沿下方是一个日益被接受的消防服务标准。无论梯子是用于通风，还是快速干预小组人员把它放在窗台，梯子根部可以随时伸缩以调节落地梯顶部高度，从而将其调整到窗沿下方。在大多数情况下，落地梯与地面应保持成小于75°角。这样靠放梯子位置的优点如下：

（1）将梯子靠放在不太陡峭的位置，救援人员搬运受害者时梯子可以承受更多的重量。

（2）通常在下降过程中，救援人员如果能够斜靠梯子会更加安全，如果梯子角度陡峭，他们在下降时就会难以找到平衡点而更加危险。

（3）梯子顶端置于略低于窗台处，这样可以消除潜在的缠绕问题，有时消防员必须使用应急消防梯进行逃生，有时也会说服老百姓或者受害消防员使用消防梯进行救援行动。

记得墨菲定律。即使梯子的顶端所处的位置只高于窗台1英寸（2.54厘米），衣物、救援安全带或者消防服都会被缠绕住。

综合考虑各种因素，梯子与地面角度小于75°时就会产生一个问题，即梯子根部会往外移动的机会较大。在混凝土或沥青上支起的梯子向外移动可能性比在草坪上支起的梯子更大。然而，即使是在草地上，架设梯子仍需小心翼翼。救援行动中因救援人员和昏迷的受害消防员同时从窗口往下降，梯子顶端所承受的总重量将超过500磅（227千克）。最保险的做法则是1～2名消防员斜靠在消防梯上，用脚尖顶住消防梯底部，用双手抓住离自身最近的梯梁，同时抬头看以确保消防梯的稳固。

如图8-17所示，我们不推荐消防员在消防梯下方抓住梯梁，原因如下：

（1）梯子底部向外移动的最大压力点在于消防梯与地面之间的触点。如果从梯子下方固定，那么消防员的控制力在梯梁和梯级之上，也就是大约在梯子底部四分之一的地方,而不是在梯子底部与地面之间的接触点上。

(2)万一梯子底部左右滑动,那么消防员就无法从消防梯下方控制或稳定住梯子。

(3)消防员无法向上看清救援情况,也不能稳固消防梯。

8.4 抬起受害消防员

当受害者必须被抬过低矮的障碍物或者抬到窗台上以进行窗口救援时,使用抬高受害者的办法很有必要。在狭窄区域抬高受害者时,可能会非常困难,例如在坍塌后的地方或狭窄的走廊。这些情况则需要消防救援人员抬高受害者和通过一个或多个障碍物以继续进行拖拉救援或搬运救援。

图8-17 在救援老百姓和消防员过程中,不推荐使用救援人员在消防梯下方稳固消防梯的做法

但必须注意的是,受害消防员体重较沉,抑或救援人员太过疲劳导致没有抓住和抬起受害者时,这种救援方式往往会失败。假设房间里的温度一般,你需要移除昏迷消防员身上的空呼器(如果情况需要),完成消防员拖拉救援,清除逃生窗口的障碍物以及抬起一个被水浸湿、被灰泥覆盖的受害者可能会使救援工作变得非常困难。救援人员在抬起消防员技能方面需要多次实践才能确保救援成功。

1. 消防员窗口升降以及梯子救援方法(脚朝下)

除了快速行动小组救援人员迅速进入着火房屋里面外,梯子的位置在救援中的作用也非常重要。从快速行动小组区域指挥员或者事故指挥员处的消息来看,建筑外部的消防梯救援人员或许可以进入阵地以完成外部通风(救援窗口处),这样使救援逃生工作得以更加顺利地完成。

非常重要的一点是,消防梯救援人员打开他们的空呼器,以防他们进入房屋遭遇重度烟雾和高温。例如,如果一楼窗口恰巧处于救援窗口下方,那么浓烟和攀升的温度状况会导致救援行动更加复杂。

必须指出的是，一旦救援人员到达窗口的位置，受害消防员被带至窗口的过程中，救援人员有许多保障任务要做。

（1）确保窗口底部的窗框没有任何可能被缠住的材料。如受害者可能会被扭曲的铝制框架或玻璃碎片缠住，从本质上来说就是把窗口变成一扇门。

（2）救援人员将手电筒放在窗口，为救援工作提供光线。

（3）额外准备一名救援人员以备协助之需。如果受害消防员体重太重，救援人员非常疲倦，或者需要救援多个受害者，就非常有必要额外准备一名救援人员。

（4）为窗口救援人员提供口头上的方向指导，因为救援人员在救援过程中可能会出现筋疲力尽、不能交流、空呼器出气量过低、个人呼救器处于激活状态，以及个人精神压力大等状况。

将上述工作谨记在心之后，让我们一起转移到窗口升降和梯子救援的现场中来。搞清楚楼梯不稳定的因素之后，快速行动小组听到求救信号，进入到双层房屋二楼卧室后方的窗户处。救援人员一旦进入卧室，就可以听到从走廊上发出的个人呼救器的警报声。快速行动小组成员向受害者移动，快速行动小组指挥员要求增设一根能够覆盖救援区域的消防水带。他们发现受害消防员面朝上，蜷缩成一团，个人呼救器已被重置，快速干预小组指挥员通过呼救信号确定遇害消防员的位置、身份，以及是否需要增援，进行消防梯救援。救援人员发现受害者没有佩戴空气呼吸器面罩。救援时需要通过狭窄的大厅，然后再回到卧室的门口，这时候就需要使用推/拉救援方法。因为要拖拉受害者，救援人员决定使用窗口升降法（脚朝下），如图8-18所示。这种方法通过以下方式完成：

（1）一旦进入卧室，请立即关上门，防止烟、热和火进入房间，影响救援。进行通风并试图尽可能多地清除窗口上的玻璃和碎屑。我们的想法是通过更多地清除百叶窗、窗帘、玻璃和任何阻碍性的边框后将"窗

图8-18 窗口升降受害者的救援方法，利用落地梯将受害者从二楼窗口救出（脚朝下）

口变成门口"，如图8-19所示。这可
以从建筑物内部或者外部来完成，主
要取决于谁可以做这个事情以及外
面是否有梯子救援人员在。

（2）一旦救援人员将受害者拖
拉到窗口的底部，就要摘除昏迷受害
者的空气呼吸器。这时候，空呼器就
成了临时用的"救生带"。

（3）救援人员翻转受害者使得
受害者的腿垂直靠在墙上和窗台上。
在转身的同时，把受害者滑动到护壁
板，这样受害者就可以坐在墙壁的窗
台处。受害者所坐位置离墙壁越近，
利用窗口下降救援就越容易。如果
受害者和墙壁之间有距离，那么就需
要把受害者水平移动到窗口，并垂直
向上搬运到窗台上，这样会增加受害
者降到楼下地面的困难，加大救援失
败的可能性。还有一点必须指出：
昏迷受害者不可能会配合你完成救
援工作的。因此，窗口救援人员不得
不支撑住受害者的腿使其处于直立
的位置，如图8-20所示。

图8-19　"窗口变成门口"

（4）受害者的两侧都应该安排
一位救援人员。这样可以保护昏迷
受害者的腿和胳膊，避免腿和胳膊到
处晃动，可能被窗台、家具所缠绕，甚
至会阻碍救援人员进行救援工作。

（5）救援人员要牢牢抓住受害
者消防服的底部，也就是靠近地面的
部分。只要抓牢消防服外层，救援人

图8-20　救援人员将昏迷消防员移到墙壁处，受
害者靠墙坐着（在窗口救援过程中，救援人员可能
需要爬到窗口处去支撑住受害者的腿）

图8-21 两名救援人员并排位于受害者的两侧,为窗口下降受害者做准备

图8-22 救援人员将受害者从窗台移到梯子和自己身上

员就能够更好地控制救援行动。在某些情况下,如果救援人员抓住受害者三层用料的消防服,由于手中消防服材料过多,再加上消防员带着消防手套,反而会造成无法抓稳受害者。

(6)接下来,救援人员要紧紧抓住靠近受害者耳朵处消防服的领子,如图8-21所示。这四个"抓点"将把消防服转变成救援吊带,用于把受害消防员搬运到窗台或者搬过位置低的障碍,比如木托盘或者固定在楼板上的电箱。

(7)救援人员蹲下,他们交流的语句是"准备好了吗?准备好了。开始!"然后垂直搬运受害者到窗台上并由消防梯救援人员接住。一旦将受害者放置到窗台上,受害消防员会处于头重脚轻的状态,其位置不稳定,可能会导致意外摔倒。非常重要的一点是,在往下搬的过程中以及之后,一名或两名救援人员要牢牢握住受害者的衣领以便控制救援和保证安全。

(8)救援人员一旦把受害者放置在窗台上并紧紧抓住受害者的衣领时,窗口救援人员应该将受害者的体重从窗台上转移到梯子上以及梯子救援人员的肩膀上,如图8-22所示。梯子救援人员准备把受害者从建筑物里面搬运到窗口的时候,他应斜靠在梯子上,并且要低于窗沿以免被受害者击打到。梯子救援人员将受害者的两个膝盖放置肩膀上。由于受害者背靠在消防梯上，因此其大部分重量会转移到梯子上。

（9）救援人员将受害者的腿放置在梯子救援人员的两侧肩膀上，一次放置一条腿。很重要的一点是该救援人员绝不可以松手放开梯子。将受害者搬离窗台时，如果救援人员瞬间没握住梯子，而这时窗口救援人员又意外地推动受害者，那么如果其有一只手没有抓住梯子，梯子救援人员就会摔下来。

（10）梯子救援人员将受害者往下搬时，必须是一次一个梯级，如图8-23所示。在一只脚往下移动之

图8-23　梯子救援人员一次一个梯级地往下搬运受害消防员

前，另一只脚要往下移动到之前那只脚所处的梯级。任何时候，如果跳过一个梯级以及救援人员的一只脚滑动一下，就可能会导致救援人员以及受害者摔倒。如果救援人员在往下搬运受害者过程中必须重新调整受害者的位置的话，可以抬高小腿和斜靠到受害者和梯子上。这样做之后，在大多数情况下，可以将受害者稳定在梯子上，救援人员可以根据需要调整受害者。

一旦将受害者搬到梯子的底部，救援人员支撑住躯干下部的位置时，周围的消防员将介入救援并握紧受害者消防服的领子。现在，可以把受害者运送到应急医疗服务处进行治疗。在梯子救援过程中，受害者头部可能会击打到梯子的梯级。此救援方法表明：

（1）当救援人员通过消防服将受害者抬到梯子上并滑下梯子时，消防服外衣会向上缩到受害者背部，为脖子提供一些支撑，使得头部稍微离开消防梯级。

（2）如果救援人员让受害者缓慢沿着梯子下降，且下降速度得以控制，那么可以大大降低受害者头部严重受伤的机会。

（3）如果能够在梯子旁边架起另一个救援梯子，那么在上面的救援人员可以额外提供头部和颈部支撑来保护受害者的头部。

2. 一名消防员窗口升降及梯子救援（头朝下）

与其他方法相比,梯子救援(头朝下)不是救援受害消防员的首选方法,但它却是行之有效且又快速的方法。当只有一名消防员救援时,这个方法执行起来比较困难。下面的场景是这样的,两层普通楼房发生火灾并且当火蔓延到楼梯和墙壁时,两名救援人员正在搜索第二层。突然,其中一名消防员耗尽了呼吸器里的空气,变得神志不清,最后因为烟雾太过浓烈,昏迷过去。在这样的情况下,受害者的伙伴变成了受害者的救援人员。将个人呼救器重新设置,通过无线通信发出求救信号。将空气呼吸器面具的面罩供氧调节器摘掉,并关掉房间的门,防止过多的热量和烟雾进入房间。这时,快速干预小组发现楼梯太脆弱以致难以爬到二楼,并告知火场所有人员遇到的问题。现在,正在救援的消防员必须执行“一名消防员救援拖拉”的方法,利用受害者的空气呼吸器将受害者拖到最靠近窗口处。由于只有一名救援人员,他必须以某种方式将受害者抬高到窗台进行快速窗口救援。救援人员必须执行“一名消防员窗口下降和梯子救援(头朝下)”的方法,在此过程中的前3个步骤如下:

(1)进行通风,并试图从窗台上清理掉尽可能多的玻璃和框架。

(2)使用昏迷消防员空呼器摘除法移掉受害者的空气呼吸器。

(3)转动受害者180°,使得受害者的头部远离窗口。

救援人员接下来执行一名消防员窗口下降。

图8-24 受害消防员必须坐起来,而救援人员做出蹲踞姿势,双手放在受害者的胳膊下,并牢牢握住受害者前臂

3.一名消防员梯子救援(头朝下)

无论受害者是否戴着空气呼吸器,梯子救援人员也可以实现这一方法。如果在外面的救援人员或者快速干预小组将一个受害消防员放置在窗台,必须将地面梯子小心地抬高到窗台上。执行过程如下,如图8-24到图8-26所示。

(1)将地面梯子顶端架在窗台下方。

(2)一旦梯子救援人员到达了受害者身边,窗口救援人员抓住受害者的消防服以及抬高受害者的腿部以协助受害者到窗外。

图8-25　一旦救援人员抓紧受害者，救援人员蹲下来搬运受害者

图8-26　将昏迷受害消防员安置在合适的位置，使用消防员梯子救援的方法从二楼窗口进行救援（头朝下）

（3）梯子救援人员将第一只手放置在受害者的下臂下面以接住受害者。在某些情况下，受害者体型可能会非常庞大，而且身上较滑，梯子救援人员应该将自己的一只手放置在较低的肩部前面和颈部下面，如图8-27所示。这将确保受害者不会下滑并摔下梯子。

（4）一旦受害者安全到达梯子上，窗口救援人员可以将受害者稳固在梯子上，并暂时紧紧抓住受害者，从而将受害者的体重从梯子救援人员的身上转移过来，梯子救援人员手

图8-27　梯子救援人员将一只胳膊放置在受害者的脖子之下、肩膀之上，受害者的体重转移到梯子上（这样可以确保受害者在梯子上是安全的）

图8-28 梯子救援人员的手和胳膊放置在受害者的胳膊下能够安全地抱住受害者并且将受害者稳定在梯子上

图8-29 救援梯子两边增架起消防梯(重要的是,在救援过程中,梯梁不能靠近梯子,这样救援人员就不会抓到其他消防梯的梯梁)

图8-30 位于梯子底部的消防员做好准备把受害者从梯子上搬运下来

的位置从脖子转换到下臂位置,如图8-28所示。在这一点上,窗口救援人员和梯子救救援人员之间的沟通是非常重要的。请记住,梯子救援人员的空呼器面罩很有可能会因潮湿或者烟雾状况而变得模糊不清,这样就会模糊视线甚至影响救援人员之间的沟通。

(5)梯子救援人员将受害者降下去的时候,受害者大部分的体重在梯子上。对于梯子救援人员来说非常重要的一点是,往下走时要一次一个梯级并且控制好往下走的行动,不要每次隔一个梯级地往下走。在任何时候,如果梯子救援人员从结冰的或潮湿的梯级滑下来,救援人员和受害者可能会掉到地上,导致严重的伤害。

(6)当梯子救援人员和受害者靠近地面时,对固定消防梯的救援人员来说,应当告诉他们离地面还剩多少级梯级。

如果必须在两座建筑物之间支起梯子或支起梯子是为了避开电线和树木,那么梯子与地面就要保持一个更大的锐角(例如80°角)。这种角度将会使得多余的重量压在梯子救援人员的胳膊上,可能会导致救援行动中断。在这种情况下,保证救援工作更加安全的几个备选方案如下:

(1)在梯子两侧架起第二个或者第三个梯子,如图8-29所示。两侧都额外安排一名救援人员，他们将能够帮助梯子救援人员负担受害者的一些重量，还可以提供指导。这不仅使救援工作更加安全，也更加实用。

（2）在往下搬运受害者的过程中，救援人员可以将窗口救援织带或绳子绑到受害者身上以减少受害者在梯子救援人员身上的重量，如图8-30所示。

8.5　消防员地下空间救援

在地势较低区域、狭隘区域、坍塌空间或者地下室进行消防员救援作业是各种救援作业中最为艰巨的任务。正如一起由俄亥俄州哥伦布市披露的消防员死亡事故所述，将一名失去意识、体重大约为200～300磅（91～136千克）的消防员垂直抬起，对于受害者和救援人员都是极其困难与危险的。正是下面所记录的一起令人唏嘘的案例，促使消防局开始着手发展消防员救援与逃生训练。

约翰·南斯在俄亥俄州哥伦布市消防局[16]担任了27余年的消防员。在51岁那年，他原本打算在1988年初退休，但是在1987年7月25日，他的计划被永远改变。当晚8点，如同往常一样的又一轮24小时轮班开始启动。约翰·南斯被派往2号消防站，同时站内共有16名消防员被分别派往2号消防水罐车、3号水罐车、1号云梯车和1号救援车。按照以往的传统，厨师每周六被安排休假一天，这一夜被称为"比萨饼之夜"。由于遇到一场排球赛，晚餐被延误到晚上9点30分才被送到。晚上10点10分，2号消防站几支中队被派遣到一幢位于151北大街的老式建筑——Mithoff大楼。纵火犯将洒到地下室的可燃液体点燃。作为3#水罐车的代理副队长，约翰·南斯与司机马文·霍华德（Marvin Howard）和消防员蒂姆·凯福（Tim Cave）和唐·韦尔登（Don Weldon）一同前往火场。

各中队在两分钟内抵达现场，发现烟已经从这幢四层建筑的底楼弥漫出来[2]。现场指挥部被设立在失火建筑物前方，第一辆抵达的水罐车强行打开一扇玻璃门进行水带铺设。南斯将其所在中队布置在附近，报告浓烟来自一楼的鞋店。3号水罐车的水带接好后，南斯、凯福与韦尔登佩戴好全副装备进入鞋店附近的储藏室，搜寻火源。紧随南斯与3号水罐车其他人员的是2号云梯车和2号水罐车，一共有10名消防员参加此次灭火。

11分钟后，事故指挥员要求进行第二次集结警报，进行装备与人员增援。由于内攻的几支中队难以确定火源位置，同时火场作业环境不断恶化，事故指挥员将警报升级到二级火警。大队长杰瑞·林赛（Jerry Lindsay）收到警报后，负责指挥火场附近区域。他发现烟雾变得更加厚重，并开始从地板蔓延到天花板。浓重的烟雾环境和建筑物的结构阻挡了内攻中队前进。前方消防员的能见度极低，仅能用手电筒照到前方不到3英尺（0.91米）的区域。空呼器气瓶内储气量不断减少，同时透过地板也能感受到热度，说明火灾发生在地下室。当大队长林赛对火场环境进行初步勘查时，根据以往参加地下室火灾的经验，他内心产生了一种不祥之感。

虽然位于大楼前方的水罐车中队已经发现了一条通向大楼地下室的通道，但是建筑物附近几支处于鞋店上方的中队仍然无法进入地下室。南斯和他的队员感到热量不断从地板涌出，同时空呼器中大部分空气都已被消耗，于是离开大楼为空呼器重新充气。大队长林赛看到南斯和他的队员再次进入大楼，他说道："我告诉南斯希望他们能够带上一根救生绳。但南斯反问我：'我们不能沿着水带进去吗？'我说不行，你们都要带上绳子。"最后南斯听从了林赛的命令。不久之后，大队长林赛命令其他几名消防员带齿锯到大楼内，锯掉地下室的楼板以进行通风，并为扑灭火灾提供有利位置。没有人知道南斯是如何坠入鞋店的地下室的，消防局的官员们认为，他可能是在找地方切割地板的时候从地板的一个薄弱位置掉下去的。10号水罐车上的消防员威尔逊从鞋店前方匍匐进入鞋店，在经过一扇通向储藏室的室内门时在一个洞口发生坠落，但幸亏他在下坠的时候随手抓住了一个东西。洞内的温度极高，伴随有浓重的烟气，同时还能看到橘色的火光。威尔逊的腿部被热浪强烈炙烤，他不得不竭尽全力让自己摆脱困境。当他从洞口爬出时，威尔逊听到了南斯在大声呼救。

威尔逊注意到这个洞大约有12英尺（3.66米）深，他说道："我回应了南斯，然后用对讲机报告有人在地下室呼救。"但是在威尔逊进行了3次报告后，通信开始变得非常困难。在隔壁花店里的中队并未意识到楼下的地下室已经被分割成两个独立空间，从而无法接近南斯。而此时，南斯空呼器里的空气已开始不足。

这时候，蒂姆·凯福放下水带，带着手电来到那个洞前。按照凯福所述："我找到了那个洞，把手伸下去，问南斯能不能看到我的手电。他很冷静地回答我说能看到，就好像他正站在那里等我把他救出去。"消防员凯福向被困消防员南斯伸出援手的方式是消防员救援训练中非常值得学习的一点。凯福问南斯能不能抓到他的手，但是又立即意识到因为地下室比较高，南斯必须要站在货堆上才能抓到他的手。当凯福尝试着去把南斯拉出来的时候，发现自己也正在不断滑向洞中。凯福不得不对南斯说："我没办法把你拉出来！"南斯平静地回答："没事，放手吧。"

由于火场情况不断恶化，其他消防员也知道有一名消防员被困，大楼内的情况变得更加错综复杂。其他消防员来到洞口，不断尝试开展各种救援方法。第一个方法是打开一条水带往洞内注水，以为南斯提供防护，防止其周围环境温度过高。但由于水带不够长，需要延长。接着，在找到南斯带入的水带后，救援人员决定用它把南斯拉出来。3名消防员在南斯抓住这条水带后，把他拉离洞内地面3英尺（0.91米）处时，南斯从水带上滑落回到地下室。消防员们意识到他们需要拉上的重量后，对洞周围的其他消防员发出了增援请求。第二次绳索救援中，绳子一端被打了一个单套结以便南斯能更好地抓住绳子。绳子下放的过程中，南斯在自己身上另外打了两个结。但尽管又多了两名消防员拉住绳子，救援行动依然失败，南斯在被拉到一半的时候再次从水带上滑脱。

南斯开始筋疲力尽，气瓶内空气也在不断减少。这时有人建议把梯子从洞口送入地下室。南斯也表示完全同意，因为之前已经有很多的梯子被搬到这个洞附近区域。在把一架梯子放入洞中的时候，大家发现洞口太小，无法容纳一名消防员和一架梯子通过。于是梯子又被重新拉出来，救援人员分散开来逐步扩大洞口。此时，整栋大楼包括洞口附近的火情都开始迅速恶化。洞口涌出的热量变得更加剧烈，南斯已经耗尽全部空气，有几名消防员听到他说："我需要空气。"

当洞口被扩大后，梯子又被重新放入洞内，同时一个空呼器气瓶也被吊入地下室内。南斯又开始重新攀爬。但不幸的是，当他几次从梯子底部往上爬的时候，头部每次都撞击到地板的龙骨上。一名救援人员一边竭力克服洞口周围炽热的热流，一边把手伸入洞内试图把南斯从洞内拉出来。但是经过几次尝试，南斯又再一次坠落到地板上。此时，洞口附近的温度和烟气开始变得让人无法忍受，甚至还有火焰发生。消防员威利试图通过进入洞内进行第二次救援，但发现洞口仍然无法容纳他进入。他又爬出来重新扩大洞口。再次进入洞内的时候，他一边下降一边试图用水带击退火焰，发现了毫无意识的南斯躺在梯子底部。威利击退火焰后，抓住南斯并用一只手拖着他试图把他拉到梯子上。但是现场的温度，不断蔓延的火势以及南斯自身的体重都无法让威利把他从地下室救出。

筋疲力尽的威利耗尽了空呼器内的空气，不得不从洞内爬出来让其他消防员接替他。消防员布莱宁尝试着再次使用相同的救援方法。进入地下室后，他发现南斯的空呼器低气量警报已经停止，这让他无法在浓烟中找到南斯。布莱宁不得不由于相同的原因离开地下室。大队长林赛同意组织最后一次内攻进行救援。但此时，火焰已从楼上几层冒出，火情发生了严重的变化。

因此，所有人员都被命令撤离现场。这场火灾被升级到四级火警，并最终于第二天凌晨5：07被扑灭。南斯的遗体于周日下午被发现。根据富兰克林郡验尸官诊断他是由于吸入浓度达到64.7%的一氧化碳窒息而亡。事实上当吸入浓度为6%时，仅仅6%就足以致死[16]。我们虽然不能确定如果救援人员知道怎么使用手铐结救援法的话，这起事故的结果将会怎样，但也许约翰·南斯仍然能按照他自己计划的那样在1988年退休。

1. 简易手铐结救援法

使用救援绳具并结合手铐结才被认为是利用简易手铐结救援方法。这种方法需要1～2根长度不短于50英尺（15.24米）的救援绳，手铐结打结技巧如图8-31、图8-32所示。

图8-31　打手铐结（打好双套结之后，把右圈内的绳段穿上右边的绳圈，同时把左圈内的绳段穿下左边的绳圈）

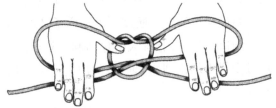

图8-32　双套结（圈内绳段左右同时拉出后，手铐结就打好了，绳圈大小就可以任意调节）

需要主要的是，必须要通过一定的训练才能保证学会打手铐结。作为消防作业中为数不多管用的"消防专用"打结方式，手铐结是最为重要的一种方式。一些消防队已经由于消防员记不起如何打手铐结而放弃了简易手铐结救援法。但是既然消防员能够懂得如何从电梯内救出平民，以及如何操作液压泵的复杂过程，并作为医护人员进行交叉训练，那么仅仅就是先打一个双套结，然后把绳子的两部分从两个绳环同时拉出去这样简单的过程。学会并保留这种技巧将对救助自己和同伴的生命极为有用。要知道墨菲定律永远都是正确的。

2. 简易手铐结救援法适用场合

（1）被困受伤消防员神志清醒，但无法行走，或者无法穿越障碍物，抑或无法爬上楼梯。

（2）被困无意识消防员处于密闭空间、坍塌建筑物的空间、没有可供使用楼梯的地下室。

3. 简易手铐结救援法不适用场合

（1）受害者所处的区域有可能坍塌。

（2）大火高热情况下不允许救援人员在现场使用绳具。

（3）试图救援的人员没有得到充分训练。

（4）救援人员人数不够。

4. 救援方面的考虑

有二次坍塌的危险吗？

什么样的火灾状况需要水带掩护？

是轻型结构的建筑/区域吗？

消防员如何以及为什么会发生坠落？

受害者需要空气呼吸器的必要性是什么？

这个洞的稳定性如何？需要桥接或者支柱吗？

救援现场的救援协调性强吗？

能否依靠外界持续不断的援助与评估吗？

5. 简易手铐结救援操作程序

必须谨记，轻质结构建筑、结构改建以及扩建建筑都将对包括救援人员在内的坍塌事故注意事项产生误导。因此确定建筑物结构，并在力所能及的情况下获得建筑物预案以提供相关信息，就是势在必行了。如图8-33所示，1966年10月17日，在纽约市二十三大街东6号发生了一起灾难性的建筑物坍塌伤亡事故，事故的原因是一处建筑物的改建误导所致。这是一栋四层大楼，一楼是商店，一楼以上是公寓。这个"奇迹药店"有一个地下室，该地下室长98英尺（29.87米），宽15英尺（4.57米），被4英寸（约10厘米）厚的煤渣砖墙隔开。这堵墙是从地板建到天花板的，从实际的地下室后墙算约35英尺（10.67米）。消防员进入地下室检查火灾状况很容易把挡墙当作酒窖的后墙。在墙的后面有一个隐藏的地窖，里面存有易燃液体、木材、帆布以及油漆用品，这些东西都很容易引起火灾。地下室有一个金属防火天花板，"奇迹药店"那层的地板是由重型木地板龙

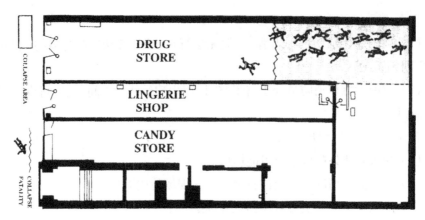

图8-33　位于二十三大街东6号一楼坍塌

骨、木地板装饰以及5英寸(约13厘米)厚的沥青混凝土组成的。

　　由于火势集中并隐蔽在地下室里,在药店后面的消防员没有意识到他们直接站在火上面。火灾后的调查发现,火在地板上烧了相当长的时间。砖墙、煤渣砌块隔墙,金属天花板和沥青混凝土层组成了一个"火箱",在非常高的温度下,火势持续了很长时间,燃烧到重型木地板龙骨。当地板龙骨崩塌时,10名消防员掉进地窖而牺牲,另外两名消防员死在坍塌区域外围的一楼。

图8-34　救援人员正在救援一名受害消防员,使用的是简易手铐结救援法将受害者从地下室救出来

　　这一事件说明在执行任何救援行动时,片刻之间,现场的情况可以改变无数次。从而体现出的一个问题就是救援人员可能没有受过训练。在这一事件中,结构改变的问题,以及隐藏不可见的危险和陷阱就是所有消防员都需要手铐结救援方法的原因,特别是对于快速行动小组的成员尤其重要。根据墨菲定律,救援作业失败随时可能发生。建筑坍塌、各种催化因素的存在以及其他众多问题都将对救援行动造成灾难,因此亟须采用简易救援法,如图8-34所示。

　　此外,如果一名重250磅(约

113千克)的受害消防员从一块脆弱的地板掉落形成一个洞,然后背负救援装备的4名救援人员朝着这个洞口过去,那么这个洞支撑的总重量不就是约1 000磅(454千克)吗?因此,一旦救援人员开始把受害者拉出洞,有可能增加另一个250磅的重量。这样,不仅铺设的地板会进一步崩塌,地板龙骨不能承受负载,可能导致全面坍塌,牺牲许多消防员的生命。鉴于以上各种因素,包括手铐结在内简易救援操作程序只不过是一项基本操作方式,而这种方式会随着救援作业的发展,可能要进行调整与扩充。

在使用这种方法进行救援时,请不要挪开梯子,即使洞顶部救援人员可能觉得有必要从洞里拉起梯子,甚至可以救出受害者。记住,如果救援人员可以依靠梯子进入洞口,那么受害者就应该能够通过救援绳具刚好被拉上洞口。挪开梯子不仅没有必要,而且如果移开梯子,万一救援过程出现什么错误,那么就切断了救援人员唯一的逃生办法。墨菲定律一直表示:当救援人员进入地下室时,不好的事情就可能会发生,空气呼吸器的低压报警将被激活,空呼器发生故障,通信也被切断等等。此外,救援人员在地下室可能不得不面对黑暗和浓烟条件,梯子就变成了他们唯一可以辨认出口的东西。他们可能还需要在梯子根部系上一根搜索线来进行搜索行动。以下是执行简易手铐结救援的步骤:

(1)对结构稳定性进行评估。因为救援人员前进到受害消防员被困的地方,不断地测量和评价建筑是必须要做的事情。如果消防员掉在地上是因为火灾导致地板变得脆弱而发生的,那么必须极其谨慎,因为救援人员及救援装备给地板增加了很多额外的压力。

(2)如果需要,可以利用梯子、室内门以及任何足以支撑底板的物件来桥接地板,达到稳定地板系统的作用,并且可以通过它们来分散作业区消防员的重量。

(3)需要两条消防水带。将第一条消防水带置于洞的顶部以保护在上方的救援人员,第二根消防水带扩展延长到洞里,救援人员可以使用这根水带防止火灾扑入,以免威胁到救援行动。发生建筑火灾期间,任何时候都可能会发生坍塌,火势都有机会蔓延。大火把地板烧穿造成一个洞,或者由于消防员坠落造成的洞与屋顶切割的通风洞口没什么不同——这个洞会吸收热量、烟和火。最初,虽然火条件可能不紧迫,但在适当的时候如果大火仍在建筑物内燃烧,这时会对救援工作造成影响,大火会不断逼近救援人员,而且速度比你想象的快得多。注意,可以考虑在远离救援区域的地板上打开一个通风洞口,以驱走热量和烟。

（4）准备好绳索，手铐结和救援人员。（有人建议使用不同颜色的绳子来区分手铐结。虽然在明亮的和点燃的条件下有优势，但在实际浓烟条件下可能没有什么功能和效果。）

（a）安排一名救援人员尝试识别绳索中间位置。

（b）在将绳子放入洞里之前，要在绳子的中间做一个手铐结。很重要的一点是手铐结要足够大，使得在洞下面的救援人员能够得着绳圈，并将其滑过受害消防员的胳臂。

（c）负责救援的指挥员或者快速行动小组会尽可能平均地将救援人员分布在洞的周围，这样可以保护他们以防掉进洞里。

（d）对于指挥员来说，重要的是要警惕地板的稳定性。

（5）往洞里架设一部梯子。通过这种方式，可以提供洞的安全入口和出口。这是一个可以替代进入洞下面的方法，但并不总是能够提供一个安全的逃生途径。如果受害者仍然是有意识的，那么他通过梯子自救是有可能的，这是最安全，也是最快速的救援方法。在任何情况下，当梯子在洞里时，一个救助者必须确保梯子位于洞的顶部，保证不让梯子滑动、掉落或被拉近洞里。如果梯子没有固定好，救援人员可能会从梯子上跌下来，这会给救援带来更加复杂的问题，甚至救援人员可能会很快失去安全逃生路线。

（6）如果受害者无法自救，至少要两名救援人员下到洞里，带上消防水带和救援装备下到洞里，进行消防保护和协助救援行动。建议带以下救援装备到洞下：

（a）便携式无线通信设备。

（b）搜救绳。

（c）手电筒。

（d）用于保护的水带（如果需要）。

（e）热成像仪。

（7）一旦发现受害消防员，就执行所需救援技能。下面是所需技能的清单：

（a）能在轻度或者中度火灾灭火作业中搜寻受害者。

（b）能将受害者从缆线或者坍塌物碎砾中解救出来。

（c）利用消防员拖拉救援法将受害者拖拉至梯子底部。

（d）摘除昏迷受害消防员的空呼器，但同时留下面罩以供呼吸防护。移除空气呼吸器可能减少受害者的重量或者减少受害者的体积以适合通过一个小的或不规则的洞口。

（e）和受害消防员共享空呼器空气。

（8）虽然救援行动要根据火灾的情况来执行，但是，最好有一名救援人员拿着一个手铐结下降到受害者身边。如果烟雾情况不是很严重，可以打好手铐结，并降至处于下方的救援人员，这样就可以节省救援精力与时间。手铐结救援方法的使用需要一根绳子和一个手铐结，或者两根绳子和两个手铐结。决定使用一根或者两根手铐结将取决于有多少可用的绳子、洞里消防员的数量及其力量以及受害者的体型。如果只使用一个手铐结，那么救援工作成功与否就得看能否将受害者提起来。

（9）将手铐结绳圈套在受害者的手腕上，每一个手铐结都有两根绳子，救援人员就要拉住2～4根绳子。如果使用一个手铐结，那么受害者的体重就会减少一半，如果使用两个手铐结，那么其体重就会减少到四分之一。一名穿着消防服以及背负空呼器的消防员总重为260磅（约118千克），如果有4名救援人员将其拉起，那么每个人只需要拉起65磅（约29千克）的重量。

（10）让受害消防员靠着梯子（如果空呼器仍继续工作），并且将受害者转动90°，在其向上走的时候，空气呼吸器气瓶不会勾住消防梯的梯级。

（11）把手放置受害者下方以协助向上推动受害者。这对于使用一个手铐结，并把受害者从洞里拉至地板上方的救援方式非常重要。如果没有一个强有力的推力，不管是有一个或两个手铐结固定住受害者，救援行动就很有可能会失败。

（12）以一种互相协调合作的沟通方式把受害者拉上来，具体方法如下：

地下室救援人员："携带1号手铐结到洞下！"

一旦1号手铐结套在受害消防员手腕上：

地下室救援人员："放松！"（这将收紧1号手铐结并开始向上拉绳子）

地下室救援人员："携带2号手铐结到洞下！"

地下室救援人员："放松！"

此时，两个手铐结套在受害者的手腕上，受害者做好被拉出洞口的准备。

地下室救援人员："准备好了，开始！"（一声令下，洞口上方的救援人员将同时拉起4根绳子，受害者被垂直拉至洞口。）

在不断恶化的火场或者建筑物环境下，任何需要增加救援人员、救援工具以及其他协助力量，去拯救发生坠落事故的消防员的救援作业都极易失败。这是由于此类事故对于通信的要求不断提高,更容易导致受伤疲惫,同时还存在其他导致失败的不利因素。经过反复验证,要改善此类复杂救援作业的结果就是要不断训练。

8.6 消防员密闭空间救援

对于一名建筑物灭火消防员来说,狭隘空间可以被定义为两堵墙(有时是天花板)或者其他两个固体(比如重型机械)之间的狭窄过道,这个空间只能使消防员在同时穿着全套防护装备以及空呼器时通过。直到科罗拉多州丹佛消防员马克的遇难才让人意识到狭窄空间救援任务非常艰巨。大约在1992年9月28日下午两点,丹佛消防部门通信中心接到报告,火灾发生在南百老汇1625号的一栋两层商业用房。

先做出反应的队伍包括两个水罐车中队,一个登高车中队以及一名区域总指挥。最初到达的消防中队只看到浓重的烟雾,但没有发现明火。发生火灾的建筑建于1980年,是一个普通的两层楼(错层)建筑,长约60英尺(18.29米),宽约50英尺(15.24米),外墙是混凝土砌块,内墙由木螺柱和墙板组成。地板龙骨是层叠设计、舌槽结构、木质工字梁。这些工型梁厚16英寸(40.64厘米),梁腹为0.375英寸(0.95厘米)厚的胶合板,每条缚线为2英寸×4英寸(5.08厘米×10.16厘米)。每一个工型梁都横跨50英尺(15.24米)宽度的建筑。这个建筑是几个小型印刷企业的销售办事处。上层包括像迷宫一样被分割成众多大小不一的房间。下层类似楼面布置图,带有一些较大的储存室。

16号水罐车架起一台手持式水枪对二楼进行灭火,但是从底楼涌上的高温迫使指挥员重新把目标对准一楼。16号水罐车上消防员在破拆了两扇彼此远离的门后进入一楼,发现里面火灾严重立马扑灭了这些火。正当进行横向通风时,另外一处火灾被发现,从而确定了纵火的可能性。16号水罐车要求提高通风量;3号水罐车的队长要求1号救援车进行正压通风援助以及火场清理。但是3号水罐车队长与其他处于一楼的消防员并不知道火焰仍然控制着二楼,包括地板和房顶在内的很大一部分区域。

3号水罐车队长之后在二楼的西南角发现火情。21号水罐车在16号云梯车的协助下再次进入楼内扑灭二楼的火焰。这时有人在二楼西南角发现大片火区,烟热情况也同时明显剧烈。凌晨2:33,3号车队长要求进行水罐车与云梯车增援,增援于凌晨2:40抵达现场。3号车队长要求云梯车上的消防员对房顶进行通风。二楼火势非常剧烈难以扑灭,致使作业进度缓慢。

正当消防员们确定二楼火区的时候,16号云梯车上的消防员兰瓦特与他的同伴以及其他内攻灭火小组失散。大约在凌晨2:37,3号车队长在二楼入口左上方的一扇窗户发现了一束从手电筒发出的光。3号车队长喊道:"你需要帮助吗?"无人应答。手电筒的光亮了片刻之后又消失了。外部处于前线战斗的消防员确认这是一个求救信号。1号救援车上的消防员拿起手动工具与切割工具,用两架便携梯搭建起进入二楼前方窗户的通道。梯子被架放在窗户两侧,1号救援车拆除了金属窗护栅并砸碎玻璃。浓重的烟雾使得救援人员间的可视距离不超过20英寸(50.80厘米),同时还不断从窗户喷涌而出。凌晨2:38,3号车队长要求发出2级火警。

由于二楼发生部分建筑坍塌,导致一开始的内攻救援工作失败。因此,1号救援车尝试从外部开展营救,两名消防员先后头朝下从狭窄的窗户进入室内。下降的高度距离窗台42英寸(约1.01米)。他们降落在兰瓦特身边。如图8-35所示,此时受害者面部朝下,如同胎儿般呈楔形蜷曲,佩戴着头盔的头部抵住前壁内部。救援人员发现他们正身处在一个非常密闭的空间,仅有6英尺×11英尺(1.83米×3.35米)的空间内摆满文件柜和其他办公设备。摆放物形成的过道仅有28英寸(71.12厘米)宽。两名消防员根本无法在这个空间内作业,因为他们几乎无法伸手从口袋内取出小型手动工具。这个空间仅允许一名消防员俯身贴近受害者,并借助杠杆原理把他抬起。房间内的正常尺寸的门被各种设备堵住,只能靠一扇双褶门进出。这个唯一的出口也已被坍塌的地板堵住。

房间内浓重的烟雾致使消防员无法辨认他们处于怎样的房间内,也无法确认兰瓦特是否已丧失意识。他们唯一可以确认的事情

图8-35　消防员马克·兰瓦特在事故发生房间内再现场景

就是他们无法在这个极度狭隘的空间内活动,他们的兄弟已倒下,而他们又无法把他从窗口抬出。更加火上浇油的是不断靠近的火焰已经威胁到救援人员所处的位置,尽管已经有几条水带正被用于驱散室内与建筑物前方的火焰。最后,无数次由不同救援小组轮流把受害者从窗口转移出去的救援都以失败结束。有些消防员认为兰瓦特是被卡住了或者牵制住了。但事实并非如此。简单但又不幸的事实就是,之所以救援人员无法抬起兰瓦特把他从窗口转移出去,完全在于狭窄的空间和窗台的距离。事后有一名消防员说,这就像是兰瓦特身上被绑了1 000磅的混凝土。

随着消防员再次试图通过内部靠近受害者,救援行动继续开展。通过拆除室内的楼梯墙,通向受害者的途径终于实现。由于高温与浓烟已经渗入楼梯井,这次的破拆作业非常困难。消防员们站在落地梯上手持电锯和其他切割工具进行墙体破拆。即使如此,大量的货架、各种设施以及其他靠墙摆放的物体都需被搬离。最终,当西南侧房顶即将坍塌之际,除了那些仍需在抢救室和楼梯井内灭火以确保火焰远离此次救援作业的消防员之外,所有的消防员都被从室内拉出。大约在凌晨3:30,救援工作持续了55分钟后,兰瓦特被抬了出来[17,18]。

这次事件中最困难的就是,救援人员无法在仅有28英寸宽的狭窄过道内站在兰瓦特两侧进行并排搬运操作。将一名昏迷消防员从地面抬起到任何一个高度都是一项非常艰巨的任务。再加上恶劣的火场环境、救援的紧迫性以及救援人员本身的疲惫与挫折,更是增加任务的困难程度。

当这起事故在丹佛向消防局通报后,重新模拟简单场景和设计救援方法的需求变得更为突出。通过系统性的努力寻求解决措施,丹佛消防局精心地逐步重现这起事故,并记录下救援人员每一次的尝试。通过这些努力,一项遵照丹佛消防局必须应对的、具有相同尺寸的空间救援训练支撑计划正在被广泛用于密闭空间救援训练。

1.消防员密闭空间救援方法(受害者的头部位于窗口)

这个特定方法不涉及任何专门的工具或装备。这种方法只需要消防员专心工作,比如利用自身的力量、训练以及一些救援技术。就像之前所提到的丹佛案例一样,需要做的只是进入一幢大楼,通过梯子从窗口进入二楼内部。这被证实在应对不同救援场景时是最有效、最稳定的方法。

(1)进入窗口后,1号救援人员爬过受害者,然后转动180°,面向窗口如图8-36和图8-37所示。

（2）接下来，1号救援人员必须将受害消防员翻转使其面朝上，背靠空气呼吸器气瓶。在旋转昏迷受害者时，最好转动其肩部和臀部已达到转动整个身体的目的。（只需拉住受害者的胳膊、腿或空呼器肩带，就可以让受害者保持面朝上的姿势。）

（3）然后，1号救援人员拉住受害者的衣领或空呼器肩带让受害者背靠着墙坐立起来，同时背后需要留出足够的空间以便2号救援人员进入救援。

（4）随后2号救援人员进入窗口并以下蹲姿势背靠窗口下方的墙壁，如图8-38所示，同时，双脚平放在地板之上，膝盖弯曲，形成"座椅姿势"，这样做的目的是当受害者最终被抬起时可以坐在2号救援人员的膝盖之上，提供尽可能多的支撑。

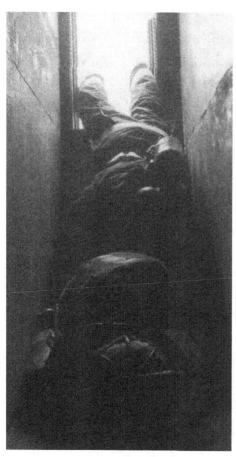

图8-37　1号救援人员爬过受害者，自身转动180°，并让受害者保持坐立姿势

图8-36　1号救援人员通过窗口进入密闭空间

图8-38　2号救援人员通过窗口进入，其位置处于受害者与窗口或出口下方的墙壁之间

(5) 现在1号救援人员将受害者抬到2号救援人员膝盖上。一旦受害者坐好之后,1号救援人员紧紧抓住受害者两边的肩带,重新调整对空呼器肩带的抓力点(向下接近受害者胸部),这将最大限度地水平抬高受害者。

(6) 然后,2号救援人员要抓住受害者空呼器腰带或气瓶,如图8-39所示,协助1号救援人员抬起受害者,就像铲车推东西一样。

(7) 在"准备好了吗?准备好了。开始!"的协调指挥下,受害者被抬离地面坐到了2号救援人员的膝盖。

(8) 受害者暂时坐在2号救援人员的膝盖之上,但这时2号救援人员的身体必须来回移动,避免被受害者的空呼器气瓶给碰击。2号救援人员所处位置非常危险,尤其在火灾及发生坍塌情况之下更是如此。

(9) 如图8-40所示,一旦受害者坐于2号救援人员膝盖之上,根据过道空间大小,1号救援人员就可以采取一个较低的姿势,把受害者的膝盖放在其肩膀之上,或者像推动"独轮手推车"一样双手抓住受害者双膝下方,如图8-41所示。

(10) 这时,受害者需要被二次抬高,救援人员之间应当互相协调指挥。1号救援人员抬起受害者的腰部位置,同时2号救援人员用双手从受害者背后向上推动(重要的是救援人员双手应当紧握拳头以达到最大推力,并且可以减少对手及手腕部的损伤)。理想的情况下,窗外救援消防员能够抓到受害者并且尝试协助抬高受害者,并指导内部救援人员将受害者救出窗外。受害者被抬出去时面朝上,且头朝下。

(11) 受害消防员被抬至窗沿转移到窗外之前,要将受害者旋转过来,使其面朝下。要从二楼窗口完成救援,应当:

(a)在窗口旁边架设一个消防云梯或者救援平台,将受害者转移至救生篮里并往下降。

(b)有落地梯就可采用梯子救援法(头朝下)。受害者在窗台上时,救援人员必须将受害消防员翻转面朝下再进行救援。

2. 消防员密闭空间救援法(受害者脚部位于窗口)

(1) 救援人员进入窗口,爬过受害者到达受害者头部区域。

(2) 救援人员向后转动180°,然后在密闭空间移除昏迷消防员的空呼器。

(3) 使用一名消防员救援抬高法,救援人员可以抬高受害者让其靠在窗台上,如图8-42所示。

(4) 最后,受害消防员通过消防云梯或者落地梯慢慢下降到地面。

图8-39 1号救援人员提起受害者空呼器肩带，2号救援人员提起受害者空呼器气瓶

图8-40 受害消防员应坐在救援人员的膝盖上

图8-41 1号救援人员像握住手推车把手一样握住受害者的膝盖，或者将其膝盖置于肩膀之上，把受害者抬出窗外，2号救援人员向上推动受害者，窗外救援消防员拉住受害者并指导救援工作

图8-42 救援人员移走受害者的空气呼吸器，让其坐立起来，并且使用一名消防员救援法把受害者抬到窗口

3. 消防员密闭空间救援法（绳索协助）

如果由于受害者体重较大难以拖拉，或者救援人员本身筋疲力尽等原因导致救援工作困难，那么利用绳索就可协助抬高受害者。将绳子的一端系到受害者身上，另一活动端绕过窗台上方的消防梯梯级并下垂至地面，消防员按照指令拉住绳索。救援人员施加于绳索所产生的拉力足以代替密闭空间内一名救援人员抬起受害者的力量，如图8-43所示。

图8-43 消防员利用绳索进行密闭空间救援，并利用消防梯进行高锚点拉绳救援

第九章　消防员救援与
逃生训练办法

　　近几年,随着不断完善的可视化教学设备、计算机辅助燃烧设施、互联网通信的出现,以及不断发展的建筑物结构学及火灾行为学研究、丰富的专业期刊与书籍和更高的训练标准,消防训练水平取得了很大的进步。可惜的是,消防员还是会在培训期间因忽视安全问题而身负重伤。本章旨在对消防员救援与逃生技能的相关培训和安全知识进行说明。

9.1　指导员公信力及其关联性

　　"一个人愿意为他的朋友而舍弃生命,没有比这更伟大的爱了"。针对消防员救援与逃生方面的指导,要求指导员具备最佳公信力。指导员提供的救生材料以及训练强度要求受训消防员能够确信指导员拥有以下任职资格:

　　(1)与快速干预小组的合作经历。

　　(2)曾参与失踪消防员搜索活动,甚至还参与过消防员救援行动。

　　(3)通过多年消防和救援行动而获得相关知识。

　　(4)消防同行中的佼佼者,并拥有良好的口碑。

　　建议采用"团队教学"法。实践证明,消防员救援与逃生训练过程是非常严厉而苛刻的。虽然并不是每一位指导员的能力都能够满足此类培训所需要求的最高水平,但是通过从一个可靠的组织引入指导员将有效弥补这种差距而提高教学水平。比如,可以任命一名长期担任快速干预小组队长的指挥员作为总指挥,由另外一名具有丰富搜救经验的中队长作为辅助指导员。总指挥、中队长、消防员以及急救人员可以组成多个不同的培训小组,从而为快速干预小组提供最为优质的培训。

9.2 消防员救援与逃生训练的八项基本指导要点

应特别注意消防员的救援和逃生训练强度,建议应遵守下列八项基本指导要点:

(1) 在任何时候都可进行相关的培训。

(2) 依靠结果来实施培训,而不是过程。

(3) 所有目标必须与相应的标准相结合。

(4) 重点在于行为,而不是态度。

(5) 将培训目标和技能划分为几个连续阶段;不要认为自己已经全部了解。

(6) 受训人员必须执行和理解安全活动。

(7) 培训必须循序渐进,并且在任何时候都应建立明确的方向。

(8) 消防员救援与逃生训练必须能够衡量目标结果。

在尝试更好理解这八项基本指导要点的过程中,下文会对各要点进行进一步的探讨:

(1) 在任何时候都可进行相关的培训。本质内容是:"消防员救援、逃生及快速干预小组培训与实际的救援活动有关吗?"使消防员具备了解事情来龙去脉的能力是指导员的责任。快速干预小组的任务是全力搜救失踪、迷路或被困的消防员。任务的内容将反复涉及消防员真实死亡案例及成功救援消防员的快速干预部署行动。通过真实事故或示例,在"街头"演习各项救援和逃生技能。例如,在检讨严重的缠绕事故及解决方法时,运用真实的案例研究、个人经验,甚至是对假设情况进行论证。随着一些技能教学的深入展开,上述各项将成为成功的必要因素!

(2) 依靠结果来实施培训,而不是过程。在消防员救援与逃生训练中,尽管有大量可用的技能和方法,但它们就好像是拼图游戏里的拼板,必须结合在一起才能发挥作用。但是,当这些拼板每次被拼在一起的时候,它们的外形都会发生变化。换而言之,每个拼图游戏就等于是一次紧急救援,每次都是截然不同的。一次成功的消防员救援行动及救援人员的安全归来并不能通过照本宣科的培训过程来决定。也就是说,在救援失踪、迷路或被困的消防员时,单纯的"黑与白"或"按部就班"的处理方式并不现实。在求救事故中,也存在灰色区域。这类灰色区域包括所给予的求救信号类型的不确定性、消防员被困人数、建筑物规模、火灾情况、塌方情况,以及其他一些会随墨菲定律变化的变量。快速干预小组不仅进行技能培训,还会通过在这些灰色区域工作而学习消防救援和逃生战略。一份简洁明了的标准作业程序可以提供额外的帮助,人力和设备资源的响应性计划及质量培训也可以弥补灰色区域问题所造成的遗憾。

(3)所有目标必须与相应的标准相结合。当提出各项培训目标时,一些标准示例必须进行扩展:行为、说明、措施、风险及困难。例如,将落地梯架到窗台上的救援目标就要求如何架设落地梯以及救援悬挂在窗边的受害者时需要多少勇气的标准。在真实的救援行动中,此培训标准将以"成败"为宗旨。在许多情况下,进行消防员救援与逃生培训的指导员会发现,大部分目标的标准可通过演示活动而确定。请记住:"一张图胜过千言万语"。何况是亲身演示呢?支持这些目标的大部分标准均会涉及勇气、激情、专注度及正确的姿势,这些要点很难用三言两语去解释。在模仿过程中,消防员会作出最佳反应。

(4)重点在于行为,而不是态度。反向作用力会加快干预操作,导致消防员"态度恶劣",而快速干预小组在执行任何灭火行动时会对此进行限制。不同的原因会产生多种不同的态度,但最终结果是培养消防员负责任的态度,并遵守消防部门所规定的程序。显然,消防员救援、逃生及快速干预小组训练不仅只包括简单的技能训练,还涉及一定的心理训练。这其中最重要的一个共性就是要让每一名消防员对于如何自保有一个基本的认知。而要基于这一点所进行的救援与逃生训练将要求指导员具备相当的个人能力,才能获得参训人员的尊重。行为也是可以衡量的,态度则没法衡量。与人的态度相比,纠正和引导人的行为就相对比较容易。此外,在认识到死亡并不是一个受情愿接受的举动后,更容易证明和观察消防员是如何学习控制自己及同伴的身体,以保持安全状态(若有)且很少有"消极态度"。

(5)将培训目标和技能划分为几个连续阶段;不要认为自己已经全部了解!涉及消防员救援与逃生的培训会重温很多基本的消防技能,例如,建筑物规模预估、通信、空呼器、消防梯、绳索、打结方法、手动工具使用及搜救方法。可惜的是,并不是所有消防员会掌握这些基本技能。在依据这些基本技能来介绍火灾救援和逃生所需的不同技能时,培训的过程以及受训的消防员都将受到影响。作为补救的风险,其补救措施就是根据需要来细分各目标和技能,并按照基本水平来审核,然后再将重点转移到消防员救援或逃生技能方面。在大多数情况下,受训消防员将会从审核行动中受益,并且培训课程也会成功。

指导员应保持他们教案中的相关性,以帮助受训人员获得成功。重要的是,不要将消防员带入培训方案中任何类型的错误点。作为一名指导员,应该把一次失败的"设置"等同于一场灾难的"设置"。若某场景设计旨在为了证明任务极其困难,并且未对受训人员事先说明。那么当受训人员在听取指导员有关任务目的的阐述之后应该能顺利完成相关作业训练。但是,指导员不应该以刻意导致受训人员受挫为目的。当消防员被编入快速干预小组,进入训练建筑物实施他们所学到的各种技能之后,勿让消防员受挫这点将显得尤为重要。在这些训练场景中,使用极其困难或者不切实际的救援信号将会破坏他们之前所积累的知识,甚至将打击他们的自信心,从而对整个训练项目产生消极作用。受训消防员必须在第一时间内正确理解他们所听到的目标和标准,并且还必须在第一次活动执行中正确学习相关技能。

(6)受训人员必须执行和理解安全活动。作为学习人员,消防员必须执行消防员救援与逃生培训中所包含的多项行动和技能。我们必须记住,在真实事故发生时,我们的目标是将所需到的知识运用在必要场合。在某些情况下,当消防员的生命处于危险之中时,救援和逃生培训无疑将成为第二自然习惯,并会对当时的情况作出真实反应。例如,当火灾突然阻断消防员在公寓二楼的逃生路线且热浪开始冲向窗户边时,使用应急梯逃出窗户的方法是人的一种本能,就好像呼吸一样。指导员必须明白,每位消防员的救援和逃生技能多少会受到技术影响而发生变化,从而可能会导致救援行动失败。这类失败事件可能与下列示例有关。若在救援行动中付出了大量努力,但由于较低层的消防员会失去意识,并且手上绳索的打结方式也不正确,则受害者会在被拉升的过程中向下坠落。利用培训所得技能进行狭窄楼梯救援行动时,若受害消防员下方的救援者没能正确固定好自己的位置,受害者或救援人员都会滑到,从而使得救援行动失败。

消防员实施这些学习技能的要求非常重要,不仅要考虑执行结果,还须考虑安全因素。当消防员学习和实施不同的技能时,指导员可以观察他们是否是在正确实施这些技能。必要时要作进一步的指示和纠正,以确保消防梯已经架设稳定、救援安全绳索正确使用、空呼器按照要求做好紧固连接准备等等。

(7)培训必须循序渐进,并且在任何时候都应建立明确的方向。很多消防员对消防员救援与逃生方面的知识和实践培训还有点陌生。由于受训人员需要学习吸收大量信息,因此,指导员如何逐步地构建出训练的明确方向就显得极为重要。在实施消防员救援与逃生技能培训时,指导员不仅需要授课,还需要反复演示这些技能,这些也很重要。这类教学方法可以防止信息超载和混乱。受害消防员坐在地板上时,指导员会讲解训练的方向和目标,然后慢慢地向上爬行,靠近受害者,随后详细讲解如何救援受害者。以小部分人为单位的目标教学,以及循序渐进地让受训人员运用这些技能进行演习,均会使消防员在学习和知识掌握方面获得最大成功。

（8）消防员救援与逃生训练必须能够衡量目标结果。无论培训范围多么广泛,当务之急是针对培训目标来衡量培训结果。正如第7点所强调的内容一样,逐步构建的消防员救援与逃生培训应形成最终的培训计划、目标。根据消防员救援与逃生培训的相关内容,衡量的最佳途径是亲身实践培训。一个衡量目标结果的示例可能涉及最近参与快速干预小组行动的一组消防员。衡量这组消防员的目标时,会按照真实模拟的火灾条件,在培训基地中进行部署、搜索及营救失踪、迷路或被困的消防员,在此过程中,会应用其所学的消防员救援与逃生技能。他们的成功是衡量其决策有效性、技能实施、选择快速干预小组战略及基于所学成功营救受困消防员的最佳方法。若决策失败,后续培训中会建议采用搜索和救援技能或快速干预小组战略等方式。有时,在后果并不严重的情况下,可进行简单的批评。在比较严重的情况下,则须专门实施一些额外的培训。在任何情况下,受训消防员要充分认识在接受消防培训过程中自身的优势和劣势。

对于循序渐进式培训方式和消防员救援与逃生技能构建,可以采用下列5个步骤:

（1）说明培训内容。"在公寓二楼走廊处,出现中度烟雾和热感,无意识消防员所携带的个人呼救器正在发出警报。"

（2）说明目标。"一名消防员利用空呼器拖拉救援法救援一名昏迷消防员。"

（3）一边讲解,一边演示。对即将使用的技能进行简单的说明和演示。

（4）对解释说明和演示进行重点强调,并根据需要来回答问题。观察消防员的肢体语言和面部表情,并记下相关问题,这将决定技能演示的次数或方式。

（5）执行技能。在你观察消防员执行相关技能时,证实他们实际上已经学会并理解了相关技能。

这类培训质量完全由指导员掌控,其公信力、口碑、热情及激励能力至关重要。受训消防员从一些示范中学习相关知识,这点也很重要。指导员为了救助每一名同伴,佩戴全副个人防护装备与空呼器,饱含热情地进行指导对于受训消防员来说是极为重要的。对新入伍的消防员和经验丰富的消防老兵而言,在很多方面,快速干预小组指导员会起到非常积极的示范作用。

9.3 为消防员救援与生存训练做准备

介绍消防员救援、逃生及快速干预行动的概念时,已经通过广泛的培训而确定,时长8小时的课程可确保训练效果最佳。整个训练计划包括:近4个小时的课堂培训、4个小时的示范和16个小时的实践培训。据研究发现,课堂参与培训的人数最多可达到30人。维持这一培训规模可确保每个人至少有一次机会学习和执行各项技能,并允许指导员继续监督及实施质量培训。就像任何培训计划一样,可以对某些培训部分的内容进行压缩、改变、修改,甚至是扩展培训内容,以满足地方消防局的特殊需求。

1. 消防员救援与逃生训练基本大纲

课程#1:消防员救援与逃生快速干预行动　　　　　时长:8小时

课程#2:消防员救援与逃生技能训练　　　　　　　时长:8小时

课程#3:消防员救援与逃生训练场景　　　　　　　时长:8小时

从消防指导员的角度来看,这类培训计划的关键点是为消防员提供实践培训。正如同芝加哥消防局区指挥员本尼·克兰(Bennie Crane)多年前对那些受训人员说的,"如果他们说不出来也干不出来,那就说明他们根本不懂"。

2. 课程#1:消防员救援与逃生——快速干预行动

课程#1时长为8小时,包括近4小时的课堂培训和4小时的实践培训。如流行的专题座谈会上所述的一样,"第一印象是不可磨灭的"。因此,#1课程的初始时刻可能是最重要的。无论是指导员的口碑还是与受训人员的初次接触,材料的重要性与严肃性都务必要在第一时间进行传达。培训任务基本信息介绍结束之后,首先会展示一个时长10～15分钟的火灾现场灾难性事故的视频,作为培训的开场白。在某些情况下,事故可能发生在别的地方;视频也可能来自受训课程实施的所在城镇。无论如何,目的在于提醒和引起受训消防员的注意。从这一点来说,通过分享过去和最近的消防员伤亡统计(以国家或州为基础进行统计)数据,以及其他地方的统计数据,可维持受训人员的关注程度,这点很重要。通过学习美国消防局获取的一些实际死亡案例研究,就可覆盖快速干预小组功能、期望及需求。

3. 课程#1——课堂培训大纲【课程时长：近4个小时】

（1）回顾最近和过去的消防员伤亡统计数据。

（2）回顾美国国家消防协会NFPA 1500和职业安全与健康管理局的相关条例（二选一或两者皆选）。

（3）查询死亡案例研究（最适合地方区域的相关研究信息）。

（4）演示如何通过主动作业的战术以提高逃生技能或者满足快速干预小组的需求。

（5）介绍当地开展快速干预行动的操作流程。

（6）提出具体的目标、技能及快速干预操作示例。

实践培训大纲（时长：近4小时）。指导员须通过相关的实际严重伤亡事故举证，为技能培训提供一定的可信度，并强调它们的重要性。尽管有些可惜，但很多已经公布的案例研究与即将传授的技能之间存在一定的关联。对于培训部分，建议审阅下列主题：

（1）空呼器共享空气的应急方法。

（2）轻微和严重的突发事故。

（3）消防员在发生大火的情况下采取救援行动。

（4）消防员在火势较小的情况下采取救援行动。

（5）多名消防救援者之间的通信方式。

（6）消防员拖拉救援法。

（7）若消防员失去意识，应摘除昏迷消防员的空呼器。

（8）打上手铐结。

对于这些活动，消防员应分成几个小组，小组人数为3～5人。穿上防护服后，指导员可向他们同时演示和解释几种相关技能，然后消防员执行这些技能，而指导员对他们进行监督，并在必要时提供协助。一旦掌握了这些技能，指导员会传授另外的技能，并将这些技能结合在一起，演变成一套完整的消防员救援技能。

4. 课程#2：消防员救援与逃生技能训练

课程#2是一项对体力要求非常严苛的培训课程。在所有消防员开始或甚至已经开始培训前应说明此点。参加培训课程#2的所有人应了解不断向其肩膀、后背、膝盖部分施加力量所产生的身体压力，这就得做好预防措施。在整个培训课程中，受训消防员须独立且正确地使用消防水带。

在开始实施课程#2前,会通过大范围搜索基本方法,向受训人员介绍一些搜索消防员的方法。在介绍救援技能前,先介绍一些搜索操作方法,因为在执行救援技能前,必须先确定失踪、迷路或被困的消防员的地理位置。使用搜救绳、救援工具、热成像仪,并制订行动计划,演示如何搜索失踪消防员,并对其定位。当每组消防员受训小组的成员人数超过15人时,则有必要将其分成两组,并轮流接受各职业技能鉴定站的技能鉴定。

5. 课程#2——实践救援技能大纲

(1)利用搜救绳和热成像仪来演示大范围搜索基本操作步骤。

(2)回顾和演示(来源:课程#1):

(a)消防员在发生大火的情况下采取救援行动。

(b)消防员在火势较小的情况下采取救援行动。

(c)多名消防救援者之间的通信方式。

(d)消防员拖拉救援法。

(3)回顾并演示消防员救援行动中所使用的消防梯。

(4)解释、演示并实施下列救援方法:

(a)受害消防员窗口转移。

(b)消防梯救援(头朝下)。

(c)消防梯救援(脚朝下)。

(d)消防员密闭空间救援。

(e)应急消防梯逃生。

(f)狭窄和宽阔楼梯消防员救援。

(g)地下空间昏迷消防员救援。

6. 培训设施

对于#2和#3课程,将有必要使用一些培训设施,例如一座用于现场火灾演习培训的消防训练学校基地,如图9-1所示。这类培训设施有很多优点。首先,此类训练学校基地结构非常稳固,并配有例如扶手杆和工程锚固点等安全型装置。这些装置安装在训练场地上,便于工具、设备

图9-1 用于消防员救援训练的消防训练学校基地

及装置的存取。其次,这些基地易于转换成模拟基地,设有间隔墙和相关装置,以便进行快速干预培训。最后,在现场火灾演习中,可执行消防员救援技能和场景培训。

通常,这些结构会配有一些框架为木材材质的窗户,并建有内墙。然而,根据所选的消防训练学校基地,这类结构也将难以应用。由于大部分建筑物是用混凝土和钢材构建,其窗户、天窗开口、楼梯,甚至是内墙,都难以转换或改变而成为消防员救援技能执行所需的设施。在某些情况下(如在密闭空间内执行消防员救援技能),构建一个独立的培训设置,对于培训而言是很有利的。

7. 定制培训设施

定制的消防员救援设施已经被设计成固定式和/或移动式,如图9-2和图9-3所示,其价格范围为1 000 ~ 8 000美元不等。定制设施的优势在于,各种窗口、楼梯设计及密闭空间区域均是为消防员救援技能量身建造。培训设施还可在受控区域内构建,以便更好地学习并对工具、设备及装置进行定位。

然而,定制的培训设施有两个主要缺点。第一个缺点是缺乏稳定性。培训设施的质量和使用寿命取决于木工手艺、设计及可用资金金额,而这些因素具有不稳定性。第二个缺点是实际结构物缺乏现实性。从一个带有窗台的窗口中爬出或在窗户边架设消防梯进行窗口救援,而同时需要处理如树木和电线等真实障碍物,这些在利用移动式或固定式培训设施时都难以模拟这些场景。

8. 收购的空置楼宇设施

通常,利用收购的空置楼宇是消防员救援培训的最佳选择,如图9-4所示。它可以提供最真实的训练场地,并为消防员学习和执行不同的救援技能而提供实际尺寸、高度及障碍物。在收购的空置楼宇中选择正确类型的培训用建筑是很重要的,可以省去大量的准备工作(前提是:从结构上看,整体比较完善)。可以对这类建筑物进行适当清理,并清除所有碎片,而建筑物周围的树木等景观可允许在窗台、阳台及屋顶处架设梯子。

收购的空置楼宇是快速干预小组应对方案中所用到的最真实的培训设施。即使有NFPA 1403消防员实际火灾训练标准中提到真火燃烧训练的推荐,也不建议在消防员救援、逃生及快速干预培训期间,在这些建筑物内进行现场火灾演示。若在灭火过程中遇到一些问题(比如水带爆裂),则执行消防员救援活动的小组会因明火或轰燃而受阻或被困。代替真火首选的应该是使用合成水基训练用烟雾。这类材料已经被证明在快速干预小组应对方案中取得了很大的成功。

图9-2　移动式培训设施,可组装和拆卸

图9-3　固定式培训设施,位于芝加哥消防局消防学院,该道具被设计成两层独立式住房,配有不同消防员技能执行所需的工程用窗户、楼梯及密闭空间

图9-4 收购的用于消防训练的空置楼宇

9. 课程#2样本：职业技能鉴定站轮流训练

整组	上午8：00	利用搜救绳和热成像仪进行大范围的基本搜索行动
整组	上午9：00	回顾并演示（来自课程#1）消防员救援技能
整组	上午10：00	消防员消防梯救援
A组	上午10：30	受害消防员窗口转移和消防梯救援（头朝下）
B组	上午10：30	消防员密闭空间救援
B组	上午11：15	受害消防员窗口转移和消防梯救援（头朝下）
A组	上午11：15	消防员密闭空间救援
整组	下午1：00	应急消防梯逃生
A组	下午2：15	狭窄楼梯消防员救援
B组	下午2：15	宽阔楼梯消防员救援
B组	下午3：00	狭窄楼梯消防员救援
A组	下午3：00	宽阔楼梯消防员救援
整组	下午3：45	地下空间、昏迷消防员救援

10. 课程#3：消防员救援与逃生训练场景

最后的课程旨在对课程#1和#2中所学到的快速干预小组概念和技能进行应用和测试。形成真正的救援团队，向快速干预小组呈现搜索和救援方案，并对部署和救援步骤进行评估。

11. 快速干预小组训练场景

快速干预小组培训方案专注于课堂教学和实践培训。每种方案对应不同类型的建筑物、火灾条件及具有生命危险的消防事故。各方案将需要实现不同的目标和技能，以便成功搜索和营救失踪、迷路或被困的消防员。

完成各项方案后，需要逐步积累培训经验和消防员救援人员的自信心，要完成这一步非常困难。

培训方案的使用应超出课堂培训，这点很重要。分配到快速干预小组中的消防员能正确运用相关技能和战略，同时还会在压力下"思考他们的处境"，这是效率和效益的终极考验。

1996年，消防局对大量消防员救援、逃生及快速干预培训并不熟悉，所教的很多救援技能并没有作进一步的说明，例如，如何在不同类型的实际消防求救场景中使用培训知识。当一组消防员已经接受了全面的消防员救援、逃生及快速干预培训时，有着丰富经验的两名负责人须对一栋充满浓烟的培训用建筑物进行部署，以营救地下室的两名消防员。快速干预小组已经进行了初步部署，并要求提供水罐车中队、登高车中队以及人员支援队来支援救援工作。快速干预小组已经得知受害者从地板上的开口处坠落。由于事故发生在夜晚，并且培训时所部署的烟雾较大，因此能见度较低。通常情况下，地下空间利用手铐结救援进行单独训练时大概需要7～9分钟时间。其中没有考虑到的因素是搜索此洞口所花费的时间。当快速干预小组正在执行搜索任务时，由于需要避免坠落到受害者所困的位置，他们的搜索进程因此而变缓。当快速干预小组抵达洞口准备实施救援时，救援人员所配空呼器内的空气已消耗大半。当呼救器的警报持续响起时，屋内的能见度也变得越来越低。梯子被带进建筑物内，并架设在洞口处。此时，先期抵达的快速干预小组已经有两个空呼器发出低压警报。由于有两名救援人员需要返回为气瓶重新充气，留在现场的另外两名救援人员也无法深入洞内，所以如何将遇难人员救出已迫在眉睫。水罐车中队进入事故现场完成水带铺设后，将负责首先进入洞内以提供保护，之后由支援队负责开展救援任务。当水罐车中队指挥员与一名消防员到达地下室后，迅速开始搜寻并找到两名受害者中的其中一名。但此时支援队却认为将由水罐车小组进行救援作业。在第一个手铐结被送入洞口时，水罐车指挥员不断要求支援队予以协助，但由于噪音与不良信号而导致通信遭到破坏。当受害者被系在第二个手铐结上时，登高车中队指挥员认为受伤人员无法从洞口拉出,因此就将消防梯从洞口拉出收起,并放在起居室地板上。这时水罐车指挥员无法与消防梯接触,又无法找到同伴与洞口的位置。地下室以及一层的空呼器同时发出低压警报,所有通信中断,水罐车指挥员、消防员以及两名受害消防员均在此次模拟训练场景中"牺牲"。

　　从这次培训经历中汲取到的教训是,消防员救援、逃生以及快速干预技能这些课程不能单独进行授课培训,它们之间相辅相成,缺一不可。由此正规培训落下帷幕。训练场景须实时模拟火灾情况,以便有效完成训练方案。即使是在这样的培训环境下,也不可能预见可能面临的所有情况。培训完进行彻底的检讨之后,再次展开一次精确的培训,并成功营救两名受害者。所学的训练策略实践和救援技能应用是有区别的。策略培训中所获得的教训以及救援技能的运用会对今后实际救援工作产生重要影响。

训练场景

训练场景1: 搜索和解救(解除缠绕)有意识的受害消防员

指挥员技能:

(1)识别求救信号。

(2)LUNAR　(L指失踪迷路或者被困消防员的位置,U指消防员服役的中队或部门,N指受害消防员的姓名,A指受害消防员的任务,R指无线电通信或者无线电通信辅助反馈)。

(3)对快速干预小组指挥员或总指挥员进行任务分配。

(4)快速干预小组行动部署。

(5)火灾控制。

快速干预小组技能:

(1)快速干预小组单入口点搜索行动。

(2)消防员初步救援步骤措施/FRAME(F指找到受害者、R指为受害者佩戴空呼器、A指消防员呼救器复位、M指发布遇险求救信号、E指检查空呼器面罩出气情况)。

(3)救援受害消防员摆脱缠绕。

(4)空呼器应急共享方法。

目标：

（1）采用单入口点搜援方法，在独户住房二楼搜索失踪消防员。

（2）解救被困消防员。

（3）使用空呼器或快速干预应急空气系统，为消防员提供应急用空气。

（4）指导受害消防员安全逃离建筑物。

快速干预小组模拟场景：

一名消防员在一幢二层房屋底楼进行内攻，突然这名消防员通过呼救器发出遇险求救信号。原来他在二楼被困无法逃生，而且空呼器已经发出低压警报。火灾从管道壁一直蔓延到阁楼，烟雾也变得越来越浓厚。

训练场景2：搜索、解救（解除缠绕）、窗口救援昏迷受害消防员

指挥员技能：

（1）识别求救信号。

（2）LUNAR。

（3）对快速干预小组指挥员或总指挥员进行任务分配。

（4）快速干预小组行动部署。

（5）火灾控制。

快速干预小组技能：

（1）LUNAR。

（2）快速干预小组单入口点搜索行动。

（3）消防员初步救援步骤措施/FRAME。

（4）救援受害消防员摆脱缠绕。

（5）呼器应急共享方法。

（6）消防员推/拉救援救援法。

（7）摘除昏迷消防员空呼器。

（8）旋转昏迷消防员。

（9）消防员窗口转移和消防梯救援（脚朝下）。

目标：

（1）采用单入口点搜援方法，在独户住房二楼搜索失踪消防员。

（2）解救被困消防员。

（3）使用空呼器或快速干预应急空气系统，为消防员提供应急用空气。

（4）利用拖拉救援法受害将消防员转移到最近的窗口处进行消防梯救援。

快速干预小组模拟场景：

一名消防员在一幢二层房屋底楼进行内攻，突然这名消防员通过呼救器发出遇险求救信号。该名消防员在二楼被困无法逃生，而且空呼器已经发出低压警报。火灾从管道壁一直蔓延到阁楼，通往二楼的楼梯非常脆弱，烟雾也变得越来越浓厚。

训练场景3：搜索和救援坠落到 地下室的昏迷受害消防员

指挥员技能：

（1）识别求救信号。

（2）LUNAR。

（3）对快速干预小组指挥员或总指挥员进行任务分配。

（4）快速干预小组行动部署。

（5）火灾控制。

快速干预小组技能：

（1）LUNAR。

（2）快速干预小组单入口或多入口点搜索行动。

（3）消防员初步救援步骤措施/FRAME。

（4）空呼器应急共享方法。

（5）打手铐结。

（6）地下空间手铐结救援行动。

（7）消防员拖拉救援或者救生篮救援。

目标：

（1）搜索一名失踪消防员，最后一次收到其呼救器报告内容为被困于一栋普通商用建筑的一楼处。他从地板塞孔处坠落掉入地下室，而这栋建筑没有楼梯可到达这间地下室。

（2）利用水和通风装置来保护救援现场免受火势蔓延影响。

（3）地下空间手铐结救援行动。

快速干预小组模拟场景：

水罐车中队到达两层普通商用大楼时，烟雾处于中度水平。消防员开始检查一楼的火势情况，发现一楼恰巧是一家鞋店。由于烟雾开始变得浓厚，消防员必须匍匐前进，并且会感受到身后逼近的热浪，这时候听到地下室传来的呼救器警报声。经过每个中队的立即点名后，发现2号水罐车一名消防员失踪。

训练场景4：在大型仓库火灾中搜索和
救援迷路的昏迷消防员

指挥员技能：

（1）识别求救信号。

（2）LUNAR。

（3）对快速干预小组指挥员或总指挥员进行任务分配。

（4）快速干预小组行动部署。

（5）火灾控制。

快速干预小组技能：

（1）LUNAR。

（2）多入口点大范围搜索行动。

（3）消防员初步救援步骤措施/FRAME。

（4）空呼器应急共享方法。

（5）消防员拖拉救援或者救生篮救援。

目标：

（1）快速干预小组执行多入口点大范围搜索行动。

（2）使用空呼器或快速干预应急空气系统，为消防员提供应急用空气。

（3）利用拖拉救援法将受害消防员转移到最近的出口。

快速干预小组模拟场景：

大约在星期三下午5点，因高架仓库储物架顶部（20个货架的高度）出现电线短路而引起火灾，导致装满了亚麻制品的纸板盒燃烧。在对火势根源处进行内部搜索时，消防员使用自动喷水灭火系统抑制了灾情，然而，这一切都是在浓烟滚滚的情况下执行的。搜索期间，1号登高车中队上的一名消防员被困在高架仓库通道之间，离建筑物约120英尺（36.58米）。受害消防员通过呼救器发布失踪求救信号的同时,他所背负的空呼器也发出了低压警报。当救援人员试图与受害者保持通信联系,但随着受害者空呼器空气完全用尽而彻底失去与他的联系。受害者开始失去意识,再也无法打开单机版呼救器了。

训练场景5:在二楼窗户处救援昏迷消防员

指挥员技能:

(1)识别求救信号。

(2)LUNAR。

(3)对快速干预小组指挥员或总指挥员进行任务分配。

(4)快速干预小组行动部署。

(5)火灾控制。

快速干预小组技能:

(1)LUNAR。

(2)消防员初步救援步骤措施/FRAME。

(3)摘除昏迷消防员空呼器。

(4)受害消防员窗口转移(头朝下)。

(5)消防梯架设到窗沿下方。

(6)消防员消防梯救援(脚朝下)。

目标:

(1)将受害消防员从浓烟处移到窗口,并立刻采取救援措施。

(2)将受害消防员抬至窗口,利用落地梯(头朝下)的救援方式进行救援。

快速干预小组模拟场景:

指挥员和消防员对房屋二楼卧室后面进行主要搜索时,部分屋顶出现了坍塌现象。屋顶坍塌导致走廊和卧室门被堵,而且坍塌物还砸到了消防员,导致其失去意识。指挥员立即发出无线电求救信号,报告他们需要在二楼窗口处等待救援。

训练场景6:从公寓大楼二楼的宽楼梯处救援昏迷消防员

指挥员技能:

(1)识别求救信号。

（2）LUNAR。

（3）对快速干预小组指挥员或总指挥员进行任务分配。

（4）快速干预小组行动部署。

（5）火灾控制。

快速干预小组技能：

（1）LUNAR。

（2）快速干预小组单入口或多入口点搜索行动。

（3）消防员初步救援步骤措施/FRAME。

（4）消防员拖拉救援法。

（5）宽阔楼梯消防员救援。

目标：

（1）找到并拖拉昏迷消防员离开狭窄走道。

（2）救援昏迷消防员下到宽阔楼梯处。

快速干预小组模拟场景：

在扑救公寓二楼的大火时，两名消防员离开公寓，来到浓烟滚滚的走廊处。他们的空呼器气量剩余量很少，而且身心倍感疲劳。其中一名消防员因热衰竭而突然昏迷，并倒在走廊上，与此同时，他的同伴发布遇险求救信号。当受害者的同伴试图拖拉这名昏迷消防员时，他自身也筋疲力尽，并倒在了受害者的旁边。

训练场景7：从地下室火灾的狭窄楼梯处救援两名昏迷消防员

指挥员技能：

（1）识别求救信号。

（2）LUNAR。

（3）对快速干预小组指挥员或总指挥员进行任务分配。

（4）快速干预小组行动部署。

（5）火灾控制。

快速干预小组技能：

（1）LUNAR。

（2）快速干预小组单入口点搜索行动。

（3）消防员初步救援步骤措施/FRAME。

（4）空呼器应急共享方法。

（5）狭窄楼梯救援行动。

目标：

（1）找到昏迷消防员并拖拉其至楼梯处。

（2）使用空呼器或快速干预应急空气系统，为消防员提供应急用空气（如果需要）。

（3）狭窄楼梯救援行动（向上救援）。

快速干预小组模拟场景：

低矮平房的地下室发生火灾，火势从一楼蔓延到屋顶。当主体结构因大火而坍塌后，地下室的一名消防员抱着消防水带，与其他6名消防员对天花板和墙壁进行彻底检查。天花板由于烟气而逐渐变黑，并由于高温而发生倾斜。由于水枪的喷嘴靠近一楼的楼梯口，所以身处地下室另一侧的消防员会打开杂物间的门，这时这间密闭空间也开始有火苗蹿出。当消防员使用水枪时，烟雾和热量不断增加，几名消防员倒下了，而其他人则从楼梯口退出了。操作水枪的消防员接收不到任何命令，而此时温度也已高到无法忍受，可视度仅能到地面。靠近杂物间的消防员开始变得神志不清，只得通过无线电通信设备发出求救信号。另一名消防员手持水枪朝消防员匍匐前进，同时朝着大火喷水。在拉起昏迷消防员后，他们试图沿着水带返回楼梯间，但由于两人空呼器内空气都已耗尽，最后在距楼梯底部12英尺（3.66米）的位置失去意识。

消防员救援与逃生训练安全要点

（1）不要违背安全要点，否则会导致死亡与重伤。

（2）既要有创新精神，也要从实际出发。

（3）解释技巧，展示技巧，并再一次展示技巧。

（4）了解培训是针对消防员还是训练员，这两者之间的培训方法有所不同。

（5）生还者可以是哑巴，但哑巴也可以成为受害者。行动机敏点儿，不要像神风敢死队一样。

（6）收购的空置楼宇训练中决不能使用真火。

（7）若是培训中有关于举起、搬运以及爬行等要求体力的内容时应在培训前询问消防员的意见,并提前给予提醒。

（8）教授新的消防员救援技巧时不应单纯使用口头方式,还应带领受训人员进行实践。消防员逃生培训是消防领域中最具有迷惑性与危险性的一种训练类型。

结语——火警电话

接到火警电话，他们奔赴现场，
危险就在前面却没有丝毫慌张。
每一次的任务都必须直面灾难，
那些灾难常充斥着恐怖与悲伤。
他们全副武装奔向失火的高楼，
身上佩戴着自豪与勇气的徽章。
脚下踏着一往无前的坚定步伐，
在围观者的惊呼声中进入火场。

"快看，他们来了，是消防员！"
"他们难道不知道那里很危险？"
"小心！上帝保佑！注意安全！"
他们无暇回应人们祝福的话语，
只是默默将那份使命扛在双肩。
他们的使命是拯救一条条生命，
沿着楼梯向上，这里就是前线。
他们其实是在同死神争夺时间。

沿途救助受困的人们逃离险地，
灾难过后美好的日子仍将继续。
无数生命在他们手中得到拯救，
他们不断冲锋，向上攀登阶梯。
为了上面仍在等待救助的人们，
他们勇往直前、不抛弃不放弃。

被称为英雄的他们却十分谦虚：
"我们只是做了该做的事而已。"

他们继续向上直至消失于视野，
想要继续攀登，哪怕一个台阶。
目标如此接近却永远无法到达，
上帝已带他们去往另一个世界。
他们的壮烈牺牲令人哀伤欲绝，
但我们相信天堂之门长开不歇。
或许他们正坐在宽敞的餐桌旁，
同天使们谈笑风生、觥筹交曳。

他们的亲友承受着巨大的悲痛，
那些美好的记忆如生命般沉重。
我的祝愿与祈祷将与你们同在，
作为指引我们共渡难关的明灯。
我们会将英雄的故事代代传颂，
我们会把英雄的精神牢记心中。
火警电话中承载的不是问与答，
而是我们需牢记的信念与使命。

选择这条道路，我们就是一家人。
斧撬栓梯从此将同我们密不可分。
我亲爱的兄弟，愿上帝保佑你们，
火警就是命令，不可逃避的责任。

芝加哥消防局副队长威廉·F·特雷泽克（William F. Trezek）

注

1. Paul Hashagen,《A Distant Fire》(Dover, HN:DMC Associates,Inc.,1995),194-199.

2. United States Fire Administration, Firefighter Casualties, December 2000.

3. For more information about the National Institute for Occupational Safety and Health(NIOSH),see Firefighter Fatality and Prevention Program, published in February 2001.

4. For more information on the National Fire Protection Association(NFPA)and the statistics quoted see,Firefighter Death Rate Not Improved Since 1970's.Rita Fahy, Ph.D.May 2002.

5. Illinois Fire Service Institute and Champaign(IL) Fire Department,Testing Floor System, James Straseke, IFSI Asst. Director and Charles Weber ,Captain/ Champaign FD,1986.

6. Massachusetts Fire Chiefs' Association, Rose Manor Rooming House-Stoughton, Massachusetts, (Fire Incident Review Team), January 28,1995.

7. Fire Engineering, New Requirements for PASS Devices,(Craig Walker and Jack Jarboe),December 2001.

8. National Institute for Occupational Safety & Health,Firefighter Fatality Investgation and Prevention, Case Study 98F-32,1998.

9. Incident Review Board, HIGH-RISE FIRE—750 Adams, City of Memphis,TN,Office of the Director/Division of Fire Services Inter-Officer-Memorandum Charles E.Smith,Director of Fire Service,1994.

10. Columbus Monthly, The Murder of John Nance,Columbus Monthly Publishing Corp., Columbus,Ohio.December 1987.

11. Lieutenant Patrick Lynch, Chicago Fire Department. Interview January3,2002.

12. National Institute for Occupational Safety & Health, Firefighter Fatality

Investigation and Prevention,Case Study 99F-48,1999.

13. Captain William O'Boyle ,Chicago Fire Department. Interview May 7,2002.

14. Final Report/Southwest Supermarket Fire-38th Avenue and McDowell Road, Phoenix Fire Department. Fire Chief Alan Brunacini. March 12,2002.

15. Captain Fred Dimas, Sr., Phoenix Fire Department. Interview, March 18,2002.

16. "The Murder of John Nance" *Columbus Monthly*, Columbus Monthly Publishing Corporation,, December,1987.40-49.

17. "Confined Space Claims Denver Firefighter in a Tragic Building Fire," *Fire Engineering*. David McGrail and Jack Rogers.April,1993,59.

18. Captain David McGrail, Denver Fire Department. Interview, June 23,2002.

参 考 文 献

[1]　Brunacini, Alan(Fire Chief). Final report-southwest supermarket fire,35th Avenue and McDowell Road. Phoenix Fire Department,March 12,2002.

[2]　Crane,Bennie L,and Julian L.Williams. Humanity :Our Common Ground : Your Guide to Thriving in a Diverse Society[M]. Universe Incorporated, 2000,22,35-36,38-44.

[3]　Cull, Frank. Uniformed firefighters association of greater New York director of publications ,23rd Street fire—a tribute[M]. Published under the auspices of the Widows' and Children' s Fund of the UFA, 1993.6-22

[4]　Essentials of fire fighting[M]., International Fire Service Training Association,. Oklahoma State University, 1998.292.

[5]　Hudson,Steve, Tom Vines. "High angle rescue techniques[M]. 2nd edition .Mosby,Inc.,St.Louis ,MO,1999.

[6]　McCastland , John. Building Construction. Illinois Fire Service Institute,1995.

[7]　National Institute for Occupational Safety & Health. Firefighter fatality investigation and prevention[J]., Case Study, 1998, 98F-05.

[8]　New York State Office of Fire Prevention & Control Academy of Fire Science. FAST operations-firefighter assist & search teams lesson plan . 1999.

[9]　Norman ,John. Fire officers handbook of tactics,[M]. 2nd edition.Fire Engineering Books & Videos ,1998.

[10]　Richards , Michael. Chicago Firefighter. The Fireman's Association of Chicago, Spring ,1973.

[11]　Russell,Vincent. Specialized Large Area Search Procedures. Boston Fire Department, Framingham ,MA,2001.

译 后 记

工作中遇到了一本英文原著 *Firefighter Rescue and Survival*（译为《消防员救援与逃生》），起先帮着同事翻译了一些，后来就萌生了翻译出版这一想法。

一直在想，消防员是玩命工作，不管哪里有困难、有危险，找消防员就对了。那么所有人都在想消防员如何英勇救人、场面如何感人至深的同时，你有没有在思考一个问题：他们的生命由谁来保护？

记得曾经看过一篇介绍："每个人都安全回家"（Everyone Goes Home®），是由美国殉职消防员基金会（National Fallen Firefighters Foundation）发起的一个项目，其目的是预防消防员作业过程中的伤亡事件发生。2004年3月，美国举行了一次消防员生命安全峰会，确定消防服务中必须执行哪些改革的需求。在这次峰会上，创立了16项消防员生命安全倡议（16 Firefighter Life Safety Initiatives），并发起了一个旨在保证"每个人都安全回家"的项目，目的是帮助美国消防局（U.S. Fire Administration）实现减少和避免消防员伤亡的目标。美国创立的16项消防员生命安全倡议内容涵盖较多，例如，追责、风险管理、训练与认证、伤亡失踪调查、心理指导、公众教育、救援装备设计及安全性、响应政策等，从多方面着手旨在降低对消防员造成的危险。这让我意识到这个国家不仅在依靠消防员保家卫国，也在注重保护消防员自身。

进入21世纪后，国内各种灾害事故频繁发生，火灾形势也是日趋严重，消防员正在经受严峻挑战，每一次响应突发事件都是生死考验。因此作为一名消防科研人员，凭借自身一些微薄的力量将《消防员救援与逃生》翻译，并介绍给广大消防员以及相关消防从业人员作为一种专业知识的补充，能够对他们有所帮助，也将甚感欣慰。

本书的翻译、出版工作离不开公安部上海消防研究所党委书记薛林的大力支持与关心，感谢周凯、王荷兰同志百忙之中抽空校对译文，同时也感谢包任烈同志对《结语——火警电话》的翻译工作，保证了译文的质量。限于译者水平，书中存在的不足之处，恳请读者批评指正。